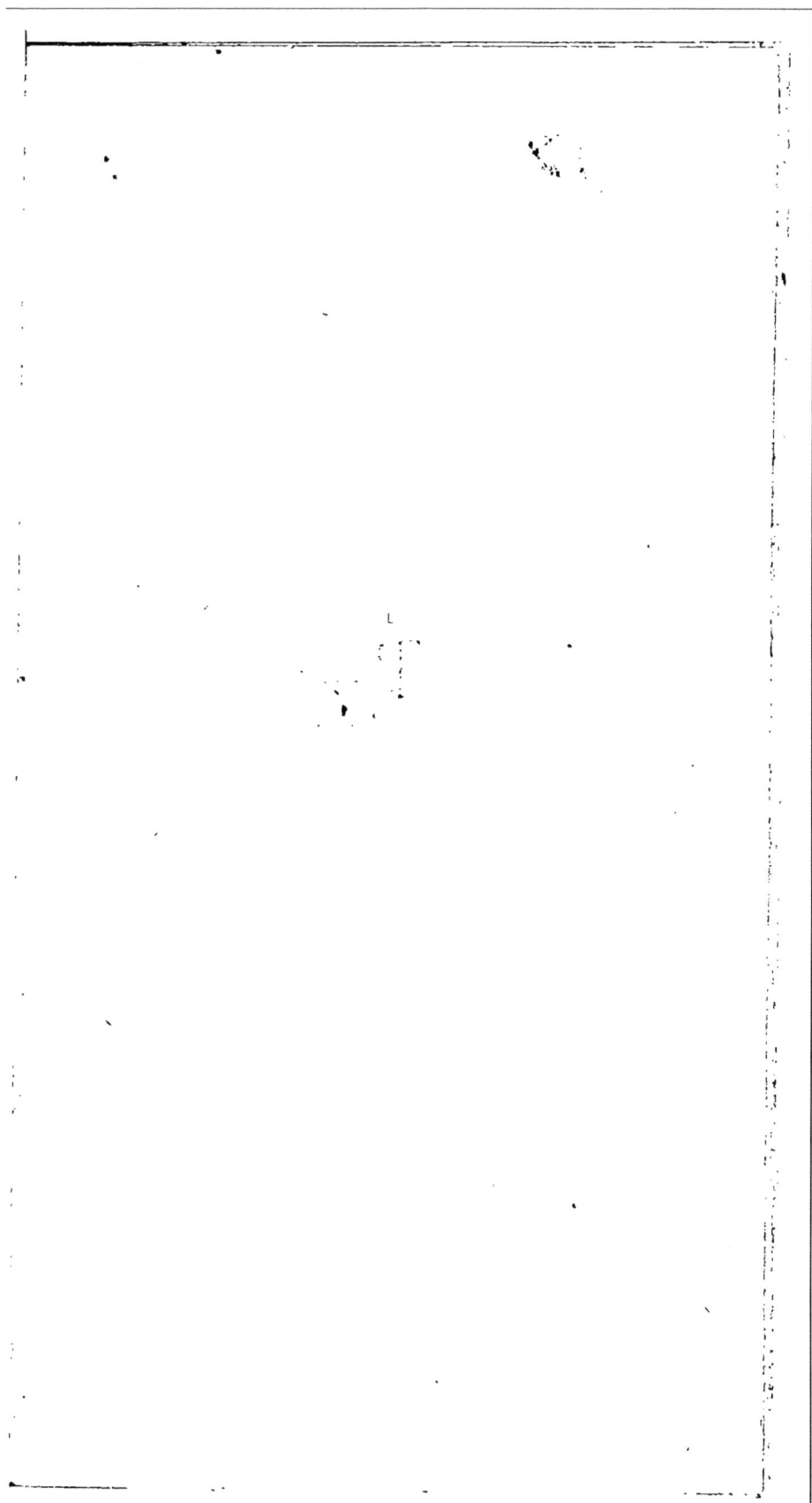

Tb 68
ſ 2
F

T 3425.
1.6.2.

LA GENERATION
DE
L'HOMME,
OU
TABLEAU
DE L'AMOUR
CONJUGAL,

Confidéré dans l'état du Mariage.

Par M. NICOLAS VENETTE,

Docteur en Médecine, Profeffeur du Roi en Anatomie & Chirurgie, & Doïen des Médecins, aggrégez au Collége Roïal de la Rochelle.

NOUVELLE EDITION,

Revûë, corrigée, augmentée & enrichie de Figures, deffinées par lui-même.

TOME SECOND.

❦❧❦

A HAMBOURG,

Aux dépens de la Compagnie.

M. DCC. LI.

TABLEAU DE L'AMOUR CONJUGAL.

‧‧‧‧‧‧‧‧‧‧‧‧‧‧‧‧‧‧‧‧‧‧‧‧‧‧‧‧‧‧‧‧

TROISIE'ME PARTIE.

‧‧‧‧‧‧‧‧‧‧‧‧‧‧‧‧‧‧‧‧‧‧‧‧‧‧‧‧‧‧‧‧

CHAPITRE PREMIER.

Les incommoditez que causent les plaisirs
du Mariage.

ON dit que les plus grands malheurs qui arrivent aux hommes, ne viennent ordinairement que de l'excès de l'amour ou du vin. Et pour ne parler ici que du premier, on doit avoüer qu'il a des emportemens que les plus sages ont bien de la peine à retenir. Cette

passion

paſſion ne garde point de meſure ; & quand elle en garde , elle ceſſe d'être apellée *amour*. Rien ne s'opoſe à ſa violence ; tout lui obéït en nous-mêmes & hors de nous-mêmes , & elle trouve autant d'eſclaves qu'elle trouve d'hommes.

Ce n'eſt point aſſez que de coucher une nuit ou deux avec une femme , & de jouir pluſieurs fois avec elle des plaiſirs de l'amour , il faut encor que cela aille à pluſieurs mois & à pluſieurs années de ſuite , comme ſi cette paſſion ne s'aſſouviſſoit jamais mieux par aucune autre choſe que par elle-même. Ce n'eſt pas dans cette rencontre qu'une action ſouvent réïtérée nous déplaít & que notre délicateſſe eſt bleſſée par le moindre objet dégoûtant ; ſi cela arrive quelquefois , l'amour a tant d'adreſſe , qu'il fait bien-tôt nous guérir de nos petits dégoûts.

Epicure , que l'on a voulu faire paſſer pour un voluptueux indiſcret , ne pouvoit careſſer des femmes , ni aprouver les plaiſirs de l'amour. Il ſoutenoit que leurs embraſſemens étoient

les

les ennemis capitaux de notre fanté: que quand nous les careffions, toutes nos parties principales en foufroient, & que notre ame même en recevoit quelques ateintes. En éfet, cette paffion corrompt notre efprit, abat notre courage, & empêche l'élévation de notre ame ; témoin *Salomon*, que l'Antiquité a furnommé le Sage, qui perdit l'efprit par l'excès des divertiffemens avec les femmes ; témoins encor les *Sardiens*, qui aïant perdu leurs forces avec les fervantes des *Smirniens*, furent honteufement vaincus par leurs ennemis.

Si nous voulions examiner ce que l'on foufre dans l'un & l'autre fexe, lorfque l'on aime éperdûment, nous verrions combien il eft dangereux de fe laiffer prendre aux amorces d'un amour exceffif.

Depuis qu'un homme s'eft abandonné à fes plaifirs, il a perdu fon embonpoint & fa bonne mine ; fa tête n'eft plus garnie de cheveux comme auparavant, fes yeux font ternis & livides, & l'on ne s'aperçoit plus du feu qui y

bril-

brilloit autrefois : il ne voit plus que de fort près, & encor faut-il que l'induſtrie des hommes lui ſortifie la vûë. Mais de l'humeur qu'il eſt, il aimeroit mieux la perdre que de ſe priver de ſes plaiſirs, & j'atens à toute heure qu'il diſe à ſes yeux, ce que leur dit autrefois *Théotime*, au raport de S. *Jérôme*.

Les plaiſirs de l'amour nous faſcinent & nous aveuglent : ce qui a fait dire aux Poëtes, que l'amour étoit ſans yeux ; car dans les contentemens qu'il nous cauſe, il ſe fait une telle diſſipation d'eſprits, qu'il eſt impoſſible après cela qu'il en reſte aſſez pour en fournir ces parties-là.

Le cerveau, qui eſt le principal organe de toutes les facultez de l'ame, ſe refroidit & ſe deſſéche tous les jours, par la perte que nous faiſons inceſſamment de nos humeurs dans les careſſes des femmes. Il s'afoiblit encor ; il s'épuiſe & ſe conſume ; ſi bien que dans quelques hommes laſcifs, au raport de *Galien*, on a quelquefois trouvé cette partie tellement diminuée, qu'elle n'étoit pas plus groſſe que le poing. Quelle

le aparence y a-t-il, qu'étant ainsi disposée, elle pût contribuer à la santé du
corps & fournir de matiére pour faire
toutes les belles fonctions de l'ame.

Enfin, par la disette des esprits, les
yeux font tristes & enfoncez, les joües
pendantes, les narines desséchées, le
front aride & calleux, l'oüie dure, la
bouche puante : en un mot, nous ne
voïons que trop souvent les éfets funestes que cause un amour déréglé.

Si la tête a ses langueurs, la poitrine
n'en soufre pas moins : & comme c'est
ici que la chaleur naturelle & l'humide
radical ont leur principal siége, c'est
aussi dans ce lieu que nous nous apercevons plus qu'ailleurs des désordres
que causent cette passion indiscrete.
Les hommes deviennent phtisiques &
desséchez par les trop fréquentes caresses des femmes; & quelques femmes, si elles allaitent, après avoir fait
plusieurs enfans, tombent aussi dans de
semblables maladies. On remarque
dans les uns & dans les autres un feu
étranger, qu'ils consument ce qu'ils
ont de plus humide dans le cœur, & la

fiévre

fiévre lente qui les mine, donne des
marques de la caufe qui l'a produite.
Ils ont une grande dificulté de refpirer;
la foif les travaille ; ils ne favent ce que
c'eft de dormir : ils touffent fans ceffe,
mais ils ne crachent rien ; & s'ils crachent quelque chofe, c'eft un peu de
fang. Quelques malades qu'ils foient,
ils ne fe fentent prefque point de douleur, ou ne s'en plaignent que fort legérement. Hà ! que le mal que produit
l'amour eft trompeur, jufqu'au moment même où il eft le plus redoutable.

Mais c'eft dans fes parties naturelles
que l'amour fait fes plus funeftes impreffions. Les parties voifines même
s'en reffentent plus que les autres &
font ainfi punies d'avoir contribué de
leur part à l'excès de nos plaifirs.

Les incommoditez de nos parties
naturelles font en trop grand nombre,
pour nous arréter ici à les nommer les
unes après les autres. Il fufit d'en avoir
parlé ailleurs, & de dire prefentement
que la douleur & le repentir fuivent
toujours les contentemens réïtérez
que nous avons pris avec les femmes,

&

& qu'à force d'aimer, nous avons apris à n'aimer plus; d'où vient que le tombeau de *Vénus*, si nous en croïons quelques-uns, est encore maintenant tout couvert d'herbes froides qui s'oposent à la fécondité des hommes.

Si ce n'étoit encor qu'une douleur passagére, ou qu'un leger repentir, qui fussent les éfets d'un amour déréglé, peut-être qu'on en pouroit mépriser les ataques; mais outre la stérilité, la sécheresse des reins, le flux de ventre & d'urine, & la chute du siége, on est encor maltraité de cette infame maladie, qui ne finit souvent ni par la salivation ni par la sueur. Elle est tellement enracinée dans la moële des os de ces facheux débauchez, que pour l'en arracher, il faudroit que l'amour qui l'a fait naître, fut éfectivement un Dieu, & qu'il sût faire des miracles.

L'estomac ne peut faire sa fonction; sa chaleur est dissipée par la perte des esprits & par l'excès de la volupté. Il ne fait plus que des cruditez, au lieu d'un bon chyle. C'est d'où viennent tant de catarres, de fluxions, de goutes & de dou-

douleurs nocturnes, que reffentent ceux qui pendant toute leur vie ont fuivi avec trop de complaifance les infpirations de *Vénus.* On remarque de la foibleffe dans les jointures de leur corps; & au lieu d'une humeur douce & gluante, qui facilite pour l'ordinaire les mouvemens de toutes nos parties, on n'y trouve que du plâtre pour fymbole de l'impofture de l'amour.

En éfet, l'excès des plaifirs trouble notre repos par des inquiétudes continuelles & aîere notre fanté par des qualitez contre nature. Plus le plaifir eft grand, plus fon excès eft pernicieux; fi bien qu'il faut le prendre avec mefure pour n'en recevoir que de la fatisfaction. La volupté eft un poifon, qu'il faut corriger pour l'empêcher d'être funefte : elle eft comme l'antimoine ou l'argent-vif, qu'il faut préparer fi nous voulons qu'il nous profite.

L'excès des viandes fuffoque notre chaleur naturelle ; l'exercice violent afoiblit nos forces, & les plaifirs les plus innocens de l'amour deviennent des fuplices quand ils font immodérez.

Pen-

Pendant que l'homme ne vivoit que de gland, & ne bûvoit que de l'eau, il n'avoit point d'humeurs fuperfluës, & ne favoit ce que c'étoit que fiévre & fluxion. L'abſtinence feule le guérif-foit des incommoditez qui l'ataquoient quelquefois; mais depuis qu'il a tra-verfé les mers pour aller aux Indes, qu'il a percé une infinité de Roïaumes pour trouver la Chine, qu'il ne s'eſt pas contenté des alimens communs que la nature lui fourniſſoit en qualité de mere, qu'il a mis fur la table des truffes, des champignons, des huitres, & les autres chofes, qui irritent plutôt l'apétit, qu'elles ne fervent à l'entre-tien de la vie; qu'il y a foufert des pâ-tez, des tartes, des ragoûts & des en-tremets, dont il a farci fon eſtomac; qu'il ne s'eſt pas contenté de vin natu-rel, qu'il y a mêlé une infinité de dro-gues pour le rendre ou plus clair, ou plus fuave; que la glace l'a emporté fur la fraîcheur de nos caves; enfin, depuis qu'il eſt voluptueux, il eſt fujet à la pierre, à la colique, aux douleurs d'eſtomac, & aux autres maladies que
nous

nous voïons lui arriver tous les jours.

Tandis que l'homme ne fuivoit que les mouvemens de la nature, qu'il ne careſſoit ſa femme qu'après avoir pluſieurs fois reſſenti les éguillons de la concupiſcence, & que ſa raiſon étoit la maîtreſſe de ſa paſſion, il étoit fort & robuſte, & n'avoit jamais éprouvé les ſuites facheuſes des maladies ſecretes & criminelles ; mais depuis qu'il a fait gloire d'avoir pluſieurs femmes, qu'il ne s'eſt pas contenté des mouvemens de la nature, qu'il s'eſt excité lui-même par des remédes qui éguiſent l'apétit ſenſuel : en un mot, depuis qu'il eſt luxurieux, il eſt auſſi ataqué de foibleſſe de nerfs, de goute, de ſtupidité, & d'une infinité d'autres maladies qui l'acablent.

Mais ſi après avoir trop ſouvent embraſſé une femme, l'ame ne ſoufroit point dans ſes principales facultez & dans ſes fonctions les plus néceſſaires à la vie, au moins pouroit-on ſe conſoler des maux que le corps endure : mais, à dire le vrai, les langueurs de notre ame ſont encor bien plus conſi-
déra-

dérables que celle de notre corps. Si
elle est malade, l'œconomie de notre
corps en est presque toute détruite;
notre mémoire se perd, notre imagination s'égare, & notre raison se diminuë. Alors nous n'avons plus de prudence, pour nous conduire dans les
ocasions de la vie où nous avons tant
de besoin; & s'il nous reste encor un
peu d'entendement, ce n'est que pour
observer que nous le perdons peu-à-
peu. C'est une des plus fortes raisons
que l'Eglise Latine a euë de ne permettre point à ses Prêtres l'usage des
femmes; & *S. Paul*, qui préfére par
tout la continence au mariage, savoit
bien quels malheurs causoit l'amour,
qui dans son action & dans ses suites
ne pouvoit jamais être modéré. Car
combien de passions entraîne-t-il après
lui? Et pour ne parler ici que de la ja-
lousie qui en est une suite assez commune, combien ne fait-on point soufrir ceux qui s'y abandonnent? jusques-là qu'on en a vû qui en sont
morts, comme *Lépidus*.

La santé, la vertu, le mérite & la ré-
puta-

putation fervent à ce vice de prétexte
pour s'établir : & quand il s'eſt une fois
emparé d'un cœur, il y change l'amour
en rage, le reſpect en mépris, & la tranquilité en défiance. C'eſt alors qu'un
homme rend ſon reméde plus dangereux que ſon mal ; & qu'au lieu de ſe
guérir par le ſilence, comme firent autrefois *Pompée* & *Caton*, les deux plus
fameux *cocus* de leur ſiécle, il les met
au jour, & même fait connoître à la
poſtérité ſes infortunes domeſtiques.

Que les bêtes ſont heureuſes dans
leurs paſſions ! Elles vivent ſans ſouci
& ſans allarmes. Elles ne forment jamais de deſirs & ne ſéchent jamais de
triſteſſe. Elles ont les plaiſirs que l'a-
mour leur ſuggére, ſans en reſſentir
les maux. L'intérêt, l'ambition, la vanité & les autres paſſions de l'ame ne
les ocupent jamais. Cependant nous
avons la raiſon, dont nous n'avons
guéres l'uſage. Elle n'eſt pas un ſi grand
avantage pour nous, que les Philoſophes le publient. C'eſt un foible reméa-
de contre la violence de nos paſſions ;
& principalement contre celle de l'a-
mour.

mour. Un peu de vin la trouble ; un peu de complaifance la féduit. Quand nous l'apellons à notre aide, lorfque l'amour nous fuffoque ; au lieu de nous foulager, elle aide à nous déchirer le cœur. En vérité, c'eft une chimére inventée à plaifir pour nous faire foufrir davantage ; & ceux qui en ont le plus, font ceux qui font plus fortement maltraitez. Ne vaudroit-il pas mieux vivre comme les bêtes, dans une indolence & dans une oifiveté innocente, que d'avoir de l'efprit & de la raifon pour nous faire foufrir ? C'eft ce que me difoit l'autre jour un ami, fur la matiére que je traite.

Je puis donc dire fans exagération, que l'amour déréglé eft la pefte la plus pernicieufe qui puiffe jamais afliger les hommes. Il nous jette dans des maux qui font entiérement incurables : & l'épuifement qui en eft la caufe, fait la dificulté de leur guérifon. Il aporte avec précipitation la vieilleffe, & nous fait tomber fans qu'on s'en aperçoive, dans les infirmitez de cet âge-là. Car par la froideur & la féchereffe exceffi-

ve qu'il nous caufe , qui font des qualitez opofées aux principes de la vie,
il nous avance la mort, à laquelle nous
ne nous attendions pas fi-tôt.

Il s'en eft même vû qui ont perdu la
vie dans le moment. *Pindare* eut la deftinée de mourir par l'excès de l'amour,
dont il avoit fait fi fouvent l'éloge ; &
Tertullien nous fait remarquer, que le
Philofophe *Speucippus* n'eut pas le tems
avant de mourir, de s'atrifter ni de fe
repentir , comme on fait ordinairement , après qu'il eût pris fes divertiffemens avec une femme : & de nos
jours, le Cardinal de *Sainte Cecile* mourut à Rome pour avoir trop aimé. Si
bien que les chofes extrêmes font pour
nous fort incommodes. Trop de bruit
nous rend fourds, trop de lumiére nous
aveugle , trop de diftance, ou de pro-
ximité, nous empêche de voir, trop de
plaifir nous incommode. Les qualitez
exceflives nous font mal : nous ne les
fentons plus , nous les fuportons.

C'eft cette *Vénus* du foir qui eft l'a-
vant-couriére de la nuit & des malheurs de notre vie. Si elle peut fe van-
ter

ter avec raifon de nous avoir fait naître , nous pouvons juftement nous
plaindre de ce qu'elle peut nous caufer
la mort. Auffi s'eft-il trouvé des peuples
qui lui ont fait bâtir des temples & qui
ont eu pour elle de la vénération , fous
le titre de ces deux propriétez.

L'amour ne demande que des gens
robuftes pour fes actions. Ceux qui
font naturellement foibles , auffi-bien
que les convalefcens , ne font point en
état d'obéïr à fes ordres. Ils ont trop
befoin pour eux-mêmes de chaleur naturelle , fans la diffiper avec les femmes , comme fit autrefois celui dont
parle *Galien,* qui n'étant pas encor tout-
à-fait guéri d'une violente maladie ,
mourut la même nuit qu'il fe fut diver-
ti avec fa femme : & *Alexandre Benoît*
nous fait auffi remarquer, que le Sé-
nateur *Viturio* étant décrépit , n'eût pas
été plutôt tranfporté par les plaifirs de
l'amour , qu'il en perdit la vie peu de
tems après. Sur cela , *Jean Dorat* qui
époufa dans fa vieilleffe une fille de
vingt-deux ans , difoit fort agréablement , qu'il aimoit mieux mourir par

une

une épée bien nette & bien polie, que
par un vieil fer rouillé.

De tous les animaux, il n'y en a point
qui dans les plaisirs amoureux s'épuise
plus que l'homme ; un seul épanchement lui causera plus de foiblesse , si
nous en voulons croire *Avicenne* , &
l'expérience même , que quarante fois
autant de sang qu'on lui pourroit tirer.
C'est sans doute pour cela que *Démocrite* blâmoit si fort les divertissemens
pris avec les femmes & que voulant se
conserver les forces que la nature lui
avoit données , il témoignoit qu'il n'é-
toit pas d'humeur à les perdre dans
leurs caresses. Les *Athlétes* aussi ne se
marioient jamais , pour être plus forts
& plus vaillans dans les jeux Olym-
piques.

En éfet , s'abstenir en quelque façon
des femmes , est l'une des trois choses
qui peuvent le plus contribuer à notre
force & au bonheur de notre vie : car
si nous nous levons de table avec apétit , que nous ne méprisions pas le travail , & que nous n'épanchions point
notre femence , je suis fort persuadé
que

que notre fanté fera parfaite & exempte de tous les maux qui la troublent ordinairement.

Les embraffemens d'une femme ne font pas pour cela criminels ni dangereux, & l'action n'en eft pas impudique, fi nous en croïons *S. Jérôme* & *S. Auguftin*; il n'y a que les excès que nous y faifons fouvent, qui peuvent être défendus & produire toutes les incommoditez dont nous venons de parler.

✿✿✿✿ ✿✿✿✿✿✿✿✿✿✿✿✿✿✿✿✿

CHAPITRE II.

Des utilitez qu'aporte les plaifirs du mariage.

SI la modération doit être gardée en quelque chofe, ce doit être fans doute dans les embraffemens des femmes. Cette vertu eft néceffaire à conferver notre fanté, ou à la rétablir quand nous l'avons perduë; que fi nous nous en éloignons tant foit peu, nous tombons infailliblement dans les

B 3   in-

incommoditez, dont nous avons parlé au Chapitre précédent.

Que s'il n'y avoit point d'excès dans la paſſion de l'amour, & que l'on n'en fut point incommodé, on n'eſpéroit point de reméde. Ainſi il eſt non-ſeulement juſte, mais utile pour nous de découvrir notre foibleſſe & notre corruption pour en chercher le reméde, & il eſt également injuſte, qu'après l'avoir trouvé, nous ne voulions pas nous en ſervir. Et c'eſt peut-être pour cela que préſentement, * ſelon le témoignage de *Léonard Coquée*, auſſi-bien que du tems de *S. Auguſtin*, ** comme il le raporte lui-même, on permettoit à Rome les careſſes des Courtiſanes, d'où procédent & nos maladies & nos remédes.

Quoique l'amour ſoit la plus puiſſante

* *Ecclefia & Principes Chriſtiani meretrices permittunt, ut gravioribus malis occurrant, Coqueus comm.* In Auguſt.

** *Latebra requiruntur in uſu ſcortorum, quo terrena Civitas licitam fecit turpitudinem.* Liv. 14. c. 18. de Civ. Dei.

fante de toutes les paſſions, qu'il n'y
ait point d'homme qui ne vive ſous ſon
empire & qui ne ſoit aſſujéti à ſes loix,
je ſuis pourtant perſuadé que nous
pouvons en quelque façon réſiſter à ſa
violence, & nous empêcher d'exécuter ſi préciſément ſes ordres. *Zénon* en
peut ſervir de preuve, lui qui pendant
ſa vie ne baiſa ſa femme qu'une ſeule
fois, & qui y fut encor obligé par
civilité.

En éfet, notre ſanté ſeroit plus parfaite, ſi nous uſions ſagement des plaiſirs de l'amour : nous aurions une certaine gravité dans la chaleur du plaiſir
pour devenir peres, que nous n'avons
pas quand nous ne cherchons que le
contentement.

Les impatiences & les chagrins qui
troublent notre repos ne ſeroient pas
ſi fréquens, nous vivrions ſans inquié-
tude, & la douleur ne prendroit pas ſi
ſouvent la place de la tranquilité. Nous
nous divertirions ſans peine, de quelque tempérament que nous fuſſions.
Nous ne reſſentirions ni langueurs ni
laſſitudes après avoir careſſé une femme,

me, & notre fanté feroit beaucoup mieux afermie qu'auparavant, après nous être déchargez de ce que nous avions de fuperflu. La chaleur naturelle n'eſt jamais plus robuſte que quand il n'y a plus d'impuretez qui embaraſſent ſes actions & qui en empêchent les éfets.

Une même choſe peut être utile & préjudiciable, ſelon l'uſage que l'on en fait : l'abſtinence guérit ſouvent les incommoditez de *Charlemagne* ; & ce fut preſque elle ſeule qui pendant ſa vie fut le remede pour toutes ſes maladies ; & la même abſtinence le mit enfin dans le tombeau. Le bain d'eau froide qui ſoulagea *Auguſte*, tua *Marcelline* peu de tems après ; & l'amour qui cauſe tant de déſordres quand nous en abuſons, nous procure beaucoup de bien, quand la raiſon ou la néceſſité nous fait ſuivre ſes mouvemens.

Il n'y a rien au monde qui rafraîchiſſe davantage les bilieux que les careſſes des femmes ; & ſi dans l'action ils ſe ſentent un peu échaufez, cette chaleur n'eſt que paſſagére & ne dure pas

plus

plus que les divertiffemens qu'ils y
prennent. Toute forte de tempérament y trouve du fecours, & cette action échaufe auffi doucement les pi-
tuiteux, qu'elle excite les fanguins.
Les mélancoliques en fout réjouis, &
ils fe défont par ce moïen de leur trifteffe & de leur timidité. Leur apétit
perdu & leur eftomac débauché en font
rétablis. C'eft ce qui donna le nom
d'*Antiévro* à la Courtifane *Hoéa*, parce
qu'elle diftribuoit un reméde affuré
contre l'humeur noire. En éfet, les
plaifirs que nous prenons avec les femmes, guériffent notre mélancolie &
font plus d'éfet fur nous que tous les
ellebores des Médecins. La penfée
même de l'amour nous réjouit & nous
fortifie ; elle augmente notre chaleur
& diffipe notre bile noire & épaiffe.

Cet homme, dont *Galien* nous fait
l'hiftoire, qui avoit été fi touché de
la mort de fa femme, qu'il réfolut de
n'en avoir jamais, fe trouvant quelque-tems après fort incommodé par
des indigeftions d'eftomac & par une
trifteffe dont il ne connoiffoit pas la
cau-

cause, fut enfin obligé de rompre son
vœu & de se joindre amoureusement
à une autre, entre les bras de laquelle il
recouvra la santé.

Quoique la copulation conjugale
ait été nommée par quelques-uns une
legére *épilepsie*, elle ne laisse pas pourtant de guérir cette grande maladie,
& beaucoup d'autres, qui cessent souvent aux premiers plaisirs que nous
prenons avec les femmes, & au premier sang que les filles répandent par
leurs parties naturelles.

L'on dompte les animaux les plus
féroces par l'aproche d'une de leurs fémelles. Le tigre n'est plus tigre auprès
de la sienne. Un homme, quelqu'emporté qu'il soit, devient modeste &
traitable auprès d'une femme, & il se
trouve souvent des vierges ou des veuves furieuses, qui ne s'apaisent que par
les embrassemens des hommes.

Toutes les grandes humiditez du
cerveau, les fluxions funestes, qui
nous causent souvent dans la gorge ou
dans la poitrine des maladies incurables, ne sont ordinairement prévenuës
que

que par les plaisirs modérez que nous prenons avec les femmes. Cette pesanteur du corps insuportable, & ces lassitudes que nous ressentons dans l'oisiveté & après la bonne chére, ne sont guéries que par ce reméde. Les *Athlétes* avoient autrefois trouvé cet expédient pour se délasser de leur lute; & ils se sentoient alégres & plus forts dès qu'ils s'étoient divertis avec une femme.

Cet exercice amoureux éface tous les songes qui nous font de la peine; nous dormons ensuite avec tranquilité; & si l'amour déréglé nous cause l'aveuglement, en dissipant nos esprits, l'amour modéré rend nos yeux plus clairs, en vuidant les humiditez qui nous troublent la vûë.

La voix, de chancelante & d'entrecoupée qu'elle étoit auparavant, devient plus forte & plus ferme : la chaleur du cœur s'augmente, sans nous incommoder, & la force des entrailles se fait connoître par la vigueur de leurs actions. L'estomac n'engendre plus de vents & ne fait plus de cruditez ; on n'enn'entend plus de murmure dans les boïaux ; & les reins qui fe trouvoient apefantis par la femence qui les acabloit, fe fentent en même-tems foulagez par la décharge de cette matiére.

C'eft enfin le fouverain reméde des pâles-couleurs ; & une fille qui fait peur à tout le monde par fa jauniffe, reprendra peu de tems après fon mariage, ce teint de lys & de rofes, qui eft le figne affuré d'une fanté parfaite. Après les premiers combats amoureux, elle fentira fortir du fang d'elle-même, comme une marque de fa victoire de l'amour. La paix & l'abondance viendront bien-tôt après, la bonne complexion & la fécondité combleront de joïe cette perfonne, qui avoit prefque perdu l'efpérance de les voir jamais.

Cette jeune veuve qui tomboit fi fouvent dans des fuffocations, qui la menaçoient d'une mort fubite, n'eft plus fujette à ces maux depuis qu'elle s'eft remariée. Enfin, cette *Vénus* matiniére ne nous préfage que la beauté du jour & les plaifirs de la vie. C'eft elle,

le, qui étant réglée, nous fait devenir peres de plusieurs enfans, & nous rend l'embonpoint que nous avions perdu à force d'aimer.

Ce jeune homme à qui le visage est devenu pâle, les yeux meurtris & enfoncez, les lévres blêmes, la voix chancelante, la respiration entrecoupée de soupirs & interrompuë de sanglots, qui ne boit & qui ne mange plus, qui va expirer par l'excès de sa passion amoureuse, n'a pas plutôt obtenu la possession de ce qu'il aime, qu'on lui voit reprendre peu-à-peu ses forces; son embonpoint revient, sa santé est ensuite ferme & assurée. Jamais *Antiochus* n'eut recouvré la sienne, si *Séleucus* ne l'eut fait jouir de *Stratonice*; & jamais *Juste*, femme du Consul *Boëce*, ne fut revenuë de sa langueur, sans la pitié qu'en eut le Comédien *Pylade*.

Je ne voudrois pas imiter ici le Médecin *Apollonides*, qui se trompa si lourdement dans la connoissance de la maladie d'*Amitis*, femme de *Mégalizius* & fille de *Xerxès*; car ce Médecin pensant que la fiévre étique de cette femme

étoit du nombre de celles qui fe guériffent par l'amour , il lui confeilla les
embraffemens d'un homme. Mais
comme quelque-tems après *Amitis* ne
fe fentit point foulagée par cette forte
de reméde , outrée de douleur contre
le Médecin , elle s'en plaignit à fa mere , qui le dit enfuite à *Xerxès*. Le Roi
en fut fi fort touché , qu'il condamna le
Médecin à être enterré tout vif jufqu'au cou , ce qui fut exécuté à l'heure
même.

La goute , qui felon les Médecins, eft
fouvent engendrée par les careffes des
femmes , en eft quelquefois guérie : &
il s'eft vû des gouteux qui ont été foulagez lorfqu'ils en ont ufé avec modération. En éfet , il n'y a point de moïen
plus affuré pour nous conferver la fanté , ou pour nous éviter une mort précipitée , que de fe joindre quelquefois
à une femme. Le Poëte *Lucréce* ne fe
feroit jamais tué , s'il eût poffédé la belle qui le faifoit foupirer ; & cette fille
de trente ans , dont *Riolan* fit un jour la
diffection , n'auroit pas perdu la vie , fi
elle s'étoit mariée ; car la femence
n'au-

n'auroit pas fuffoqué fa chaleur naturelle, & fon tefticule gauche ne feroit pas
devenu auffi gros que le poing, par l'a-
bondance & la rétention de cette matiére ; mais encor la fille que *M. le Duc*
difféqua derniérement dans l'Hôpital-
Général de la Salpêtriére de Paris, ne
fut point morte de fureur hiftérique,
fi fon tefticule gauche ne fut devenu
gros comme le poing par la rétention
d'une femence épaiffe.

Au lieu que l'amour déréglé nous
rend ftupides, l'amour que l'on ménage avec prudence nous caufe de la fanté, nous infpire de la hardieffe & nous
fait naître de l'agrément. Un païfan,
qui a l'efprit naturellement groffier,
ne paroîtra pas être ce qu'il eft, quand
il aime; & alors il fe trouvera peut-être
en état de difputer avec un autre beaucoup plus fpirituel que lui de la finef-
fe de l'efprit & des mouvemens de fa
paffion.

Il eft donc vrai que les embraffemens des femmes ne nous peuvent faire de mal, pourvû que nous fuivions le
confeil d'*Hypocrate,* qui ne veut pas mê-

C 2   me

me nous permettre que dans le Printems, qui eſt la ſaiſon la plus propre à
cet exercice amoureux, nous en faſ-
ſions des excès. Ces voluptez licites nous comblent de toute ſorte de
bien; elles rendent notre ame ſatisfaite & augmentent les forces de notre corps; tellement que quand même nous ſerions ataquez de quelque venin qui commenceroit à détruire les forces de notre cœur; la
copulation, ſi nous en voulons croire les Naturaliſtes, ſeroit un reméde ſufiſant pour nous garantir de ſa
malignité.

Quand on ne ſe propoſe que de faire des enfans, que l'on ſuit ſimplement
les mouvemens de la nature, & qu'on
eſt ému par le chatouillement de la ſemence, que comme nous le ſommes
par les irritations des autres excrémens
de notre corps, on n'intéreſſe jamais ſa
ſanté par ces ſortes de divertiſſemens.
C'eſt ce qu'*Euripide* a fort bien expri-
mé dans une autre langue, lorſqu'il
parle à *Vénus* de la ſorte.

Vénus,

Vénus, en beauté ſi parfaite,
Inſpire de grace à mon cœur,
   Ta plus noble & plus vive ardeur,
Et rends dans mes amours mon ame ſatisfaite ;
Mais tiens ſi bien la bride à mes ardens deſirs,
Que ſans en reſſentir ni douleur ni foibleſſe,
   Juſques dans l'extrême vieilleſſe
   Je prenne part à tes plaiſirs.

Et pour dire là-deſſus ce que je penſe, un vieillard de 70. ans ſera encor
en état de careſſer une jeune fille & de
lui faire un enfant, ſi pendant ſa jeuneſſe il n'a pas pris trop de liberté avec
les Dames. C'eſt ce que l'Oracle voulut dire aux Spartiates, quand il leur
commanda d'élever une ſtatuë à *Vénus*,
avec ces mots écrits en d'autres caractéres, *Vénus qui retarde la vieilleſſe*, nous
voulant faire connoître par-là qu'elle n'eſt pas ennemie de notre ſanté,
ſi nous ſuivons ſes conſeils avec prudence.

Enfin ce ſeroit peu que d'avoir parlé des plaiſirs du mariage, ſans en découvrir les remédes qui s'opoſent à
leur excès, & les moïens dont on doit
ſe ſervir pour les éviter. Et nous ſerions

fort

fort injuftes, fi nous favorifions le cri-
me en favorifant la concupifcence de
la chair, fans avoir égard à notre fanté
& à l'obéïffance que nous devons aux
ordres de Dieu.

CHAPITRE III.

S'il y a de véritables fignes de groffeffe.

QUoique parmi les hommes il y ait
des coutumes qui nous paroiffent ridicules, on doit pourtant s'imaginer que l'on a eu de bonnes raifons
de les établir. Le tems les a favorifées,
& l'ufage qui eft le maître & le tyran
des actions des hommes, les a foute-
nuës. Ces coutumes fe font fortifiées
dans la fuite, comme les petits ruif-
feaux, qui coulant vers la mer, fe grof-
fiffent enfin & deviennent de grands
fleuves.

L'exercice que font les mariez en
danfant le jour de leurs nôces, paroît
extravagant à plufieurs perfonnes, qui
blâment toujours ce qui ne leur plaît
pas,

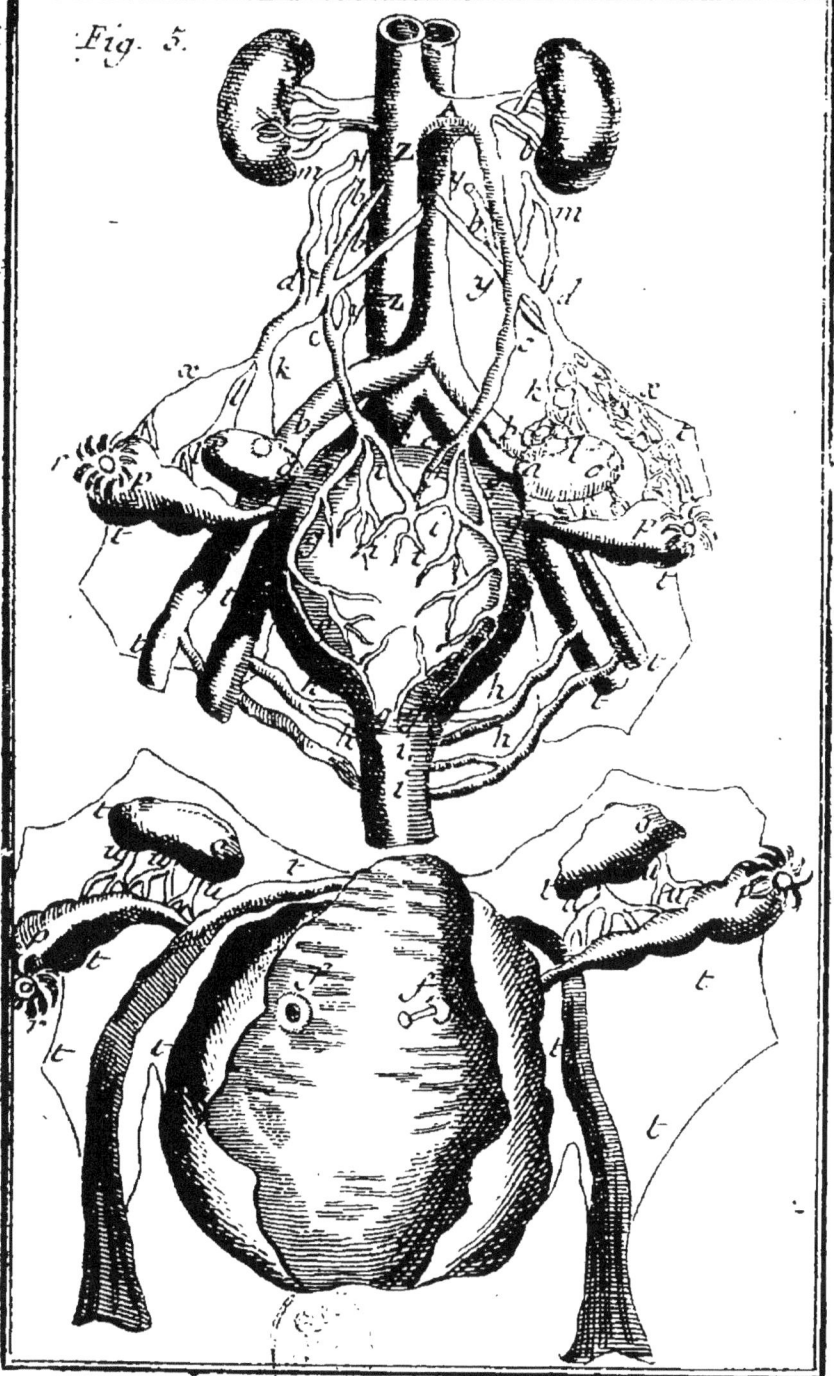

Fig. 5.

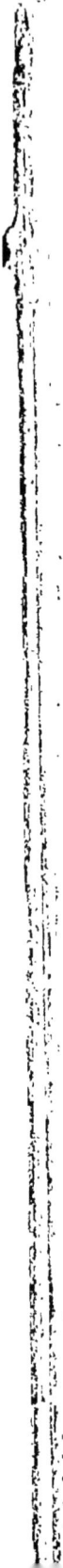

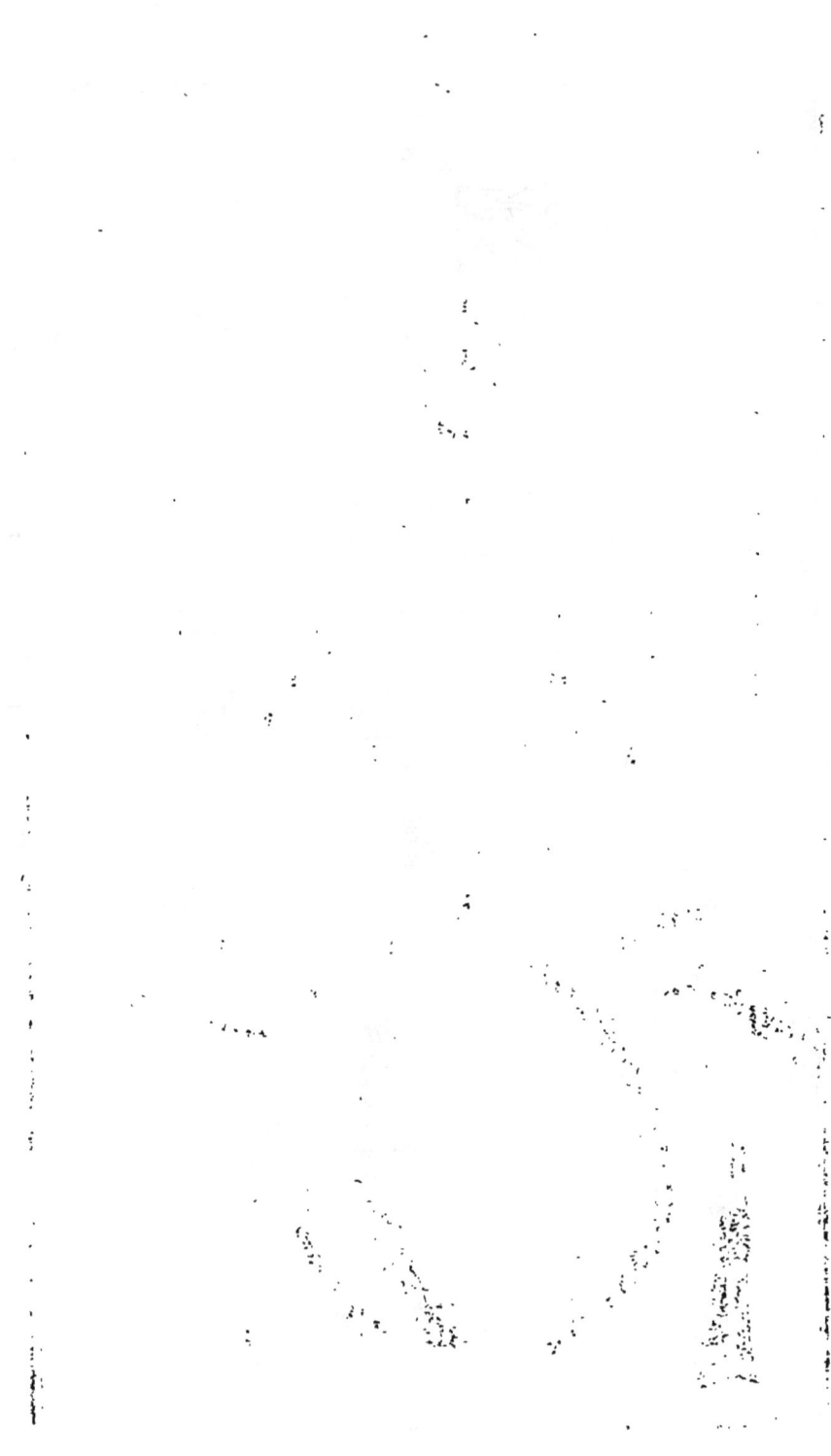

pas. Ils ne fauroient fe perfuader que
ce n'eft pas fans raifon que l'ufage to-
lére cette ancienne coutume. Mais fi
l'on faifoit un peu de réflexion fur les
éfets que caufent les mouvemens des
mariez, peut-être trouveroit-on que la
danfe des nôces n'a été inventée que
pour perpétuer plus aifément l'efpéce
des hommes. Car ce n'eft ni la malice
du fiécle, ni la dépravation des mœurs,
ni l'adreffe de l'amour, ni les voluptez
déréglées qui font la caufe de cette cé-
rémonie; c'eft la raifon même qui a
voulu que les mariez danfaffent le jour
qu'ils fe marient, afin que par cette agitation leur corps fut plus libre, plus ouvert & plus propre à la génération.

Les Naturaliftes nous font remarquer, que fi l'on veut avoir un cheval
de prix, on doit fatiguer la cavale avant
qu'elle foit couverte, & que de cette
conjonction, plutôt que d'une autre, il
naît ordinairement un animal fou-
gueux & propre à la guerre.

Ainfi les femmes s'étant agitées
avant que de fe joindre amoureufement à leurs maris, fe font défaites d'u-
ne

ne partie de leurs excrémens; & la chaleur qu'elles ont aquiſe en danſant, a
ſervi à deſſécher leurs parties amoureuſes, qui ne ſont le plus ſouvent que
trop humides, & qui par ce moïen ne
ſont pas diſpoſées à la génération : car
la trop grande humidité de ces parties
eſt une des principales cauſes de la ſtérilité des femmes.

Après ces diſpoſitions, on doit obſerver dans le mari & dans la femme
d'autres criconſtances, qui ſervent de
conjectures pour établir la connoiſſance que nous pouvons avoir de la groſſeſſe d'une femme. Car ſi le mari n'eſt
ni trop jeune ni trop vieux, que ſon
tempérament ſoit robuſte & ſes parties
principales bien ſaines, qu'il ne ſoit ni
trop gras ni trop maigre, & qu'il ait les
parties de la génération bien faites &
bien diſpoſées; que d'ailleurs la femme
ait auſſi les mêmes diſpoſitions, qu'elle
ſoit dans la fleur de ſon âge, & qu'elle
joüiſſe d'une ſanté parfaite, qu'elle ne
ſoit ni trop grande ni trop petite, &
que ſes régles aïent acoûtumé de couler, ſelon les loix de la nature; je ne
dou-

doute point que s'il y a les moindres marques que la femme soit grosse, on ne doive se le persuader, après tant de dispositions d'un côté & d'autre.

Mais parce que ces conjectures ne sont pas des signes évidens de la grossesse, il me semble que l'on en doit chercher quelqu'autre pour la connoître avec certitude. On sait que la grossesse est ordinairement de neuf mois acomplis ; ainsi nous examinerons d'abord les signes qui nous servent de conjecture pour la découvrir dans les premiers mois, & puis ceux qui nous la rendent plus certaine dans les derniers.

On a lieu de croire qu'une femme a conçû, lorsqu'après s'être divertie avec un homme, elle demeure séche & qu'elle ne rend point ce qu'elle a reçu, & qu'avec cela un homme se retire sans être beaucoup humide. Au même-tems la femme ressent comme de petits frissons, semblables à ceux qui nous arrivent après avoir mangé. Elle soufre quelquefois des foiblesses & des anéantissemens dans le moment que la femence de l'homme est dardée vers le

fond

fond de fa matrice , & qu'elle eft reçuë
dans l'une de fes cornes , pour fe joindre avec la femence de cette femme &
y faire la conception.

La matrice , comme fi elle avoit de
la joïe d'avoir reçû l'humeur qui lui eft
propre , fe refferre pour la retenir , ce
qui caufe à la femme je ne fai quel
mouvement dans fes parties naturelles ,
duquel elle reffent du chatouillement
& du plaifir , & fait qu'elle recherche
alors plus ardemment la compagnie
d'un homme.

Si quelque-tems après la fage-fem-
me la touche , & qu'elle rencontre une
douce réfiftance à la matrice & fon orifice interne , fermé & molet comme le
cul d'une poule , ou le mufeau d'un
chien naiffant ; il n'y a pas lieu de douter que la femme n'ait conçû.

Mais on ne fe contente pas d'avoir
des fignes communs , on en fait encor
quantité d'expériences, à l'imitation de
l'antiquité , pour découvrir la groffeffe
d'une femme. Les uns frotent d'un
rouge les yeux de celle que l'on foup-
çonne groffe , & fi la chaleur pénétre la

                                    pau-

paupiére , on ne doute plus après cela que cette femme ne soit enceinte.

Les autres tirent de son corps quelques goutes de sang , & après les avoir laissé tomber dans de l'eau , ils conjecturent qu'elle est grosse , si le sang va au fond. Il y en a d'autres qui lui donnent à boire cinq ou six onces d'*hidromel simple* ou *anisé* en se mettant au lit , & ils jugent de la conception par les tranchées que cette boisson cause à la femme.

D'autres lui donnent encor une ou deux onces de suc de *seneçon* , mêlé avec un peu d'eau de pluïe , & s'imaginent qu'elle est grosse , si elle ne la vomit point.

Quelques-uns , après avoir mis dans ses parties naturelles une gousse d'*ail* , ou fait brûler de la *myrrhe* , de l'*encens* , ou quelqu'autre chose aromatique , pour lui en faire recevoir la vapeur par le bas , croïent qu'elle est grosse , si elle ne ressent point quelque-tems après à la bouche ou au nez l'odeur de l'ail ou des choses aromatiques.

Il y en a encor qui font diverses expérien-

périences fur l'urine : ils confidérent
cette liqueur dès qu'on la rend;& après
l'avoir trouvée trouble & de couleur
de l'écorce de citron meur,avec de petits atômes qui s'y élévent & qui y def-
cendent, ils difent qu'elle a conçû.

D'autres laiffent l'urine pendant la
nuit dans un baffin de cuivre , où l'on a
mis une éguille fine , & s'ils obfervent
le matin quelques points rouges fur
l'éguille , ils ne doutent plus de la
groffeffe.

Quelques autres prennent parties
égales d'urine & de vin blanc; fi l'urine , après avoir été agitée , paroît femblable à du bouillon de fêves , ils affurent que la femme eft groffe.

Les autres laiffent pendant trois
jours repofer à l'ombre dans un vaiffeau de verre bien bouché l'urine d'u-
ne femme , & après l'avoir coulée dans
un taffetas clair , s'ils voïent de petits
animaux fur le taffetas , ils ne font pas
dificulté d'afirmer que la femme eft
groffe.

Enfin je ne faurois dire combien
d'expériences les hommes ont faites
pour

Fig. 6.

pour découvrir la grossesse d'une femme. Mais les dégoûts, les envies de vomir, les vomissemens mêmes, & les autres accidens qui leur arrivent, sont des signes bien plus certains ; s'il y en a au moins de certains, que toutes les bagatelles dont l'Antiquité a fait parade pour connoître une femme grosse.

Si les régles manquent à une femme, sans qu'elle soit ataquée par des frissons ou par une facheuse fiévre, que le ventre lui devienne plus plat & plus resserré qu'auparavant, selon le proverbe des sages-femmes, *en ventre plat, enfant y a*, que principalement après avoir mangé, elle soit lente, & qu'elle ne puisse se toucher le ventre sans douleur, ce sont aussi des marques de conception.

Ses régles retenuës pour la génération lui causent ordinairement des amertumes de bouche, des raports âpres ou aigres, des éblouissemens, des langueurs, des lassitudes, des douleurs de tête & de reins, des chagrins ou des transports de joïe, dont elle ne sait pas elle-même la cause, des taches au visa-

ge , ou dans quelque autre lieu du
corps, des aſſoupiſſemens : enfin le plus
ſouvent un apétit déréglé ; car il s'en eſt
vû qui ont mangé des charbons , de la
cendre, du plâtre & d'autres choſes pareilles. Tous ces accidens ne ſont cau-
ſez que par le manquement des régles,
que la nature a retenuës pour ſes uſages particuliers; & toutes les parties de
la femme ne ſoufrent , que parce qu'elles ſout arroſées des humeurs qui doivent chaque mois être évacuées.

　　Outre les accidens que nous venons
de marquer, il en arrive d'autres , après
les quatre premiers mois de groſſeſſe ,
qui nous ſervent de nouvelles preuves.
Le ſang qui croît tous les jours dans les
veines d'une femme groſſe, pour l'uſage de l'enfant, qui en a alors plus de beſoin , leur aporte pluſieurs petits deſordres qui nous inſtruiſent de l'état où elles ſont. Il ſe jette ſur la gorge , & leur
cauſe , aux unes plutôt & aux autres
plus tard , des douleurs & des duretez
aux mammelles , lorſque le lait commence à s'y former , & que le mammelon, avec ſon cercle, devient rouge aux
　　　　　　　　　　　　　blan-

blanches, & noir aux brunes. Leur voix commence alors à devenir plus grosse, par la chaleur naturelle qui se multiplie, & leur salive est plus abondante ; car on n'a jamais guéres vû de femmes grosses, au moins de celles qui joüissent d'un embonpoint, qui ne fussent de grandes cracheuses.

Il paroît même aux jambes & aux cuisses des plus sanguines, des veines enflées de diverse couleur, que nous apellons *varices* ; car on les remarque bleuës aux blanches, & noires aux brunes, par la variété de leur tempérament.

Après-tout, l'un des signes les plus assûrez qui nous peuvent découvrir la grossesse d'une femme, c'est le mouvement de l'enfant ; car si l'on met la main sur son ventre, & qu'on l'y tienne fort long-tems, l'on s'aperçoit vers le quatriéme ou le cinquiéme mois d'un mouvement doux, & sur la fin de la grossesse, d'un mouvement un peu plus fort, qui vient de haut en bas, & vers le devant du ventre de la femme quand elle est couchée. Le fardeau ne se meut point

de

de la forte, il fuit le mouvement du corps, & il tombe comme du plomb du côté qu'il fe panche. Les vents ont auffi un mouvement diférent ; ils fe font fentir inégalement, tantôt d'un côté & tantôt de l'autre ; & leur mouvement ne fe fait pas vers le devant du ventre, comme dans une véritable groffeffe ; mais on les fent le long des boïaux, que l'on entend quelquefois gronder.

Si l'on obferve le pouls des femmes groffes, on trouve qu'il eft beaucoup plus prompt & plus élevé que dans un autre tems, auffi ont-elles alors du fang & de la chaleur autant que deux perfonnes ; & des Médecins peu expérimentez à toucher le pouls de ces femmes, s'imagineroient aifément qu'elles ont la fiévre.

On ne fe contente pas de découvrir en général la groffeffe d'une femme par les fignes que nous avons expofez ; on veut encor favoir fi elle eft groffe d'un garçon ou d'une fille, ou même encor fi elle eft groffe de plufieurs enfans.

Il eft vrai que les garçons nous donnent

nent fouvent des marques que les filles
ne nous donnent pas ; car celle qui eft
enceinte d'un garçon, fe porte ordinairement beaucoup mieux, & fe fent
même plutôt que fi elle l'eft d'une fille,
qui dès les premiéres actions de fa vie
commence à donner plus de peine à fa
mere, que ne fait un garçon pendant
toute fa vie.

Si la mere fur la fin de fa groffeffe
tombe dans quelque dangereufe maladie, fans faire de fauffes-couches, c'eft
une forte conjecture qu'elle porte en
fes flancs plutôt une fille qu'un garçon;
celui-ci a fes ataches plus féches que
celle-là ; il ne fauroit réfifter à des ataques fi rudes.

Mais encor un mâle rendra robuftes
toutes les parties droites de fa mere,
qui en voulant marcher, fe fervira
plutôt du pié droit; & en voulant prendre quelque chofe, agira plutôt de la
main droite que de la gauche. On re-
marquera encor dans fon œil, dans fa
mammelle & dans fon pouls, du côté
droit, beaucoup plus d'éclat, & beaucoup plus de changement & de force

D 3   que

que du gauche ; & si l'on tire de ses mammelles une goute de lait , lorsqu'il y en aura de perfectionné , on verra qu'elle se conservera ronde sur l'ongle, si elle porte un garçon ; au lieu que si c'est une fille, le lait étant fort séreux, ne se soutiendra pas si bien.

Pour le nombre des enfans, on ne peut considérer que la grosseur extraordinaire du ventre, & par le milieu une espéce d'enfonçure qui nous donne des marques des jumeaux.

De tous ces signes, il y en a de très-legers & de très-ridicules ; car de penser que l'on puisse découvrir la grossesse d'une femme par ses urines, c'est ce que je ne saurois me persuader. Je sai bien jusqu'où l'avarice des hommes a poussé cette curiosité ; mais les diférentes opinions où ils sont sur ce sujet, me font justement douter de la vérité de leurs expériences.

L'urine ne nous peut donner tout au plus que des marques de l'état des parties d'où elle vient, & de la disposition de celles par où elle passe. Comme elle ne traverse pas la matrice & qu'elle qu'elle ne fait qu'éfleurer fon col , quelles conjectures peut-on faire par cet excrément , fi ce n'eft de la difpofition de la veffie , des reins & des parties fupérieures ?

Toutes les expériences que l'on fait ordinairement avec de l'urine font fuperftitieufes ; tout ce que l'on met dans la matrice eft dangereux ; l'ail eft cauftique & brûlant , fi on l'aplique aux parties tendres du conduit de la pudeur. Les vapeurs des chofes aromatiques font fufpectes, & il ne faut que cela pour faire des fauffes-couches.

Mais il y a d'autres fignes qui nous rendent plus certains que ceux-là de la groffeffe d'une femme ; car la *fécherefse* de fes parties , après les careffes amoureufes , les *chatouillemens* & les *friffons* qu'elle reffent auffi-tôt , les *foibleffes* & les *anéantiffemens* où elle tombe dans le moment , font de fortes conjectures pour nous faire croire qu'elle a déja conçu.

D'autre part , fi la matrice eft fermée, que les régles foient retenuës, que le ventre s'aplatiffe d'abord & qu'il

qu'il s'enfle dans la fuite, que l'on s'a-
perçoive du lait qui fe forme dans les
mammelles, & qu'enfin on fente dans
fon flanc un mouvement qui ne peut
venir que de l'agitation de l'enfant,
qui eft, fi je puis parler ainfi, une partie des entrailles de fa mere : tous ces
fignes, dis-je, joints enfemble, paroiffent d'affez fortes preuves pour
nous perfuader qu'une femme eft
groffe.

Mais, à dire le vrai, il n'y a pas plus
d'affurance à la croire groffe, qu'à de-
viner fi elle a une pierre dans la veffie,
lorfqu'on en a quelques marques. Tant
de fignes qu'il vous plaira de la groffeffe d'une femme, ce ne font pourtant
que des conjectures qui nous peuvent quelquefois tromper, & que des
moïens de confufion pour un Médecin
qui s'y affure avec trop de confiance.
J'avoüe que l'on eft affuré de la pierre, quand on la touche avec la fonde,
& que l'on eft auffi perfuadé de la vérité de la groffeffe, lorfque l'on touchë
de la main la tête d'un enfant qui eft
dans le bas.

Si nous examinons en particulier tous ces signes, que l'on croit être les plus propres à nous rendre certains de la grossesse d'une femme, nous verrons clairement qu'ils sont tous douteux ou équivoques : car de demeurer séches après avoir été embrassées, cela peut venir de la complexion de la femme & de la chaleur excessive de ses parties. De ressentir un plaisir extrême jusqu'à l'évanouissement, ce n'est pas non plus une marque de conception. Le cœur ressent de pressantes ateintes de l'amour, quand on jouit avec passion des délices du mariage, & le chatoüillement que ressent alors une femme, vient aussi-tôt des embrassemens d'un mari & de la compression de la poitrine, que des plaisirs de la conception. Jusques-là même qu'il s'en est vû qui ont engendré sans avoir ressenti de plaisir.

Il y a des femmes stériles qui ont naturellement la matrice fermée, & il s'en trouve d'autres qui ont leur orifice dur & calleux, qui ne sont pas grosses pour cela.

Les

Les régles manquent fouvent aux filles, fans aucun foupçon qu'elles foient enceintes ; & les pâles-couleurs, pour ne rien dire des autres maladies, font toûjours acompagnées du défaut des régles. L'on n'a guéres vû de femmes incommodées de faux-germes ou de fardeau, à qui les régles n'aïent manqué. Mais encor il y a des femmes groffes qui font réglées les premiers mois de leur groffeffe ; & j'en connois même qui l'étoient réguliérement pendant prefque tout le tems qu'elles étoient enceintes. Et d'autres qui ne le font, ni avant ni après la conception, comme il arriva à la femme de *Gorgias*, felon le témoignage d'*Hipocrate*, dans fes *Epidem* : qui n'aïant point fes régles, ne laiffa pas de devenir groffe, & d'en manquer après comme avant la conception.

Le ventre devient grêlé d'abord, fe groffit enfuite, auffi-bien par le faux-germe, par le fardeau & par d'autres maladies, que par la véritable groffeffe, & fouvent l'on ne peut guéres diftintinguer la tumeur caufée par ces diférentes incommoditez.

Le lait & le mouvement de l'enfant, qui femblent être les marques les plus affurées de la groffeffe, ne le font pas plus que les autres: on voit des filles qui ont du lait par le manquement de leurs régles, fi nous en voulions croire *Hipocrate*, & d'autres Médecins après lui, & des femmes qui n'en ont point du tout, qu'elles ne foient acouchées.

Le mouvement qu'elles fentent dans le ventre, peut être excité par des vents ou par des humeurs, & les exemples des femmes qui y font trompées ne font pas rares ; quelques favans Médecins y ont même été furpris. *Hipocrate*, tout docte qu'il étoit, a douté de la groffeffe de la fœur de *Téménes*; & *Avenzoar* donna un violent purgatif à fa femme fans la connoître groffe.

Il y a d'ailleurs tant de foupleffes parmi le fexe, qu'il faut être bien fin pour n'y être pas furpris, quand il veut nous en impofer. Car lorfqu'une femme a deffein de paroître féconde, pour être plus aimée de fon mari, ou pour recevoir

voir quelque chofe de fon amant , il n'y a point de rufes qu'elle n'invente pour paroître groffe. Il en eft de la groffeffe comme des écritures ; on ne peut connoître celles-là véritables & celles-ci fauffes que par conjecture. Ce ne font pas les premiers enfans qui ont été fupofez , après que l'on eft demeu-ré d'acord de la groffeffe d'une femme. *Lépida* fut condamnée pour en avoir ufé de la forte ; & il ne fe trouve au-jourd'hui que trop de femmes , qui fe font fort , ou de feindre leur groffeffe ou de fupofer un enfant.

Après tout cela , on peut conclure que l'on ne doit jamais afirmer pofiti-vement qu'une femme eft groffe , puif-que tous les fignes dont on peut fe fer-vir font incertains , & que la femme même qui en doit plutôt être le juge que nous , s'y trompe fort fouvent.

CHA-

CHAPITRE IV.

De la formation de l'homme.

JE me trouve infenfiblement enga-
gé, par la fuite de la matiére que je
traite, à parler de quelques queftions
fort dificiles qu'agitent les Théologiens, les Philofophes & les Médecins.

L'Antiquité s'eft trop atachée à la raifon, pour juger jufte fur ce qu'elle
nous a laiffé par écrit : la plûpart des
chofes qu'elle a dites, font, ou vaines
ou douteufes, ou fauffes par cette rai-
fon-là. Et pour ne parler ici que de la
formation de l'homme, tout ce qu'elle nous a enfeigné eft très-obfcur ou
très-imparfait, tellement que nous
avons été obligez de mettre, pour ainfi dire, la main à l'œuvre, afin de découvrir en ce point les fecrets de la
nature. Nous ne nous fommes pas feulement fervis des découvertes qui ont
été faites par les autres, nous avons
auffi pris beaucoup de foin d'en faire

fur les animaux & fur les femmes mêmes, afin de chercher plus exactement
les admirables principes qui ont fervi à
nous former.

Nous fommes perfuadez que la femme donne de la matiére auffi-bien que
l'homme, pour former l'enfant qu'ils
engendrent tous deux. Mais, parce
que l'on ne fauroit difcourir de la formation d'un enfant, fans avoir auparavant obfervé avec exactitude les parties qui y travaillent, il m'a femblé
à propos d'ajoûter ici, à ce que nous
avons dit au *chap.* 1. de la premiére
partie de ce Livre, quantité de chofes particuliéres que j'ai remarquées
dans les parties naturelles de la femme, la connoiffance defquelles nous
fervira beaucoup à comprendre comment la nature agit en nous formant.
Les deux femences de l'homme & de
la femme étant jointes enfemble, il fe
fait un enfant, par le moïen de l'intelligence qui fabrique pour elle-même
toutes les parties dont nous admirons
tous les jours les actions & les ufages.
Mais parce que ce compofé d'ame &
de

de corps ne fauroit vivre fans nourriture, nous parlerons du fang des régles, & puis nous obferverons par degrez les démarches que fait la nature
pour former un enfant dans les entrailles de fa mere.

ARTICLE I.

De la femence de l'homme.

LA femence de l'homme eft l'écu-
me de notre meilleur fang, felon
Pythagore, & le doux écoulement de
la moële de l'épine du dos, felon *Platon* : elle eft la plus pure & la plus délicate partie du cerveau, ainfi que veut
d'*Alcméon*, & une fubftance tirée de
tout notre corps, comme l'eftiment
Démocrite & *Hipocrate*. Enfin, fi nous
en croïons *Epicure*, elle eft un élixir,
un extrait ou un abregé de notre ame
& de notre corps. D'autres philofophes, comme *Ariftote*, fe font imaginez qu'elle étoit un excrément du dernier aliment : en éfet, ce n'eft qu'un

E 2   pur

pur excrément avant la conception ; & avant que l'intelligence y ſoit intro- duite, & l'on ne doit la regarder que comme le ſang que l'on nous tire dans des paletes. Mais, ſelon l'idée qu'en a *Tertullien*, elle eſt un éfet de nos deſirs amoureux, & un flux de notre laſcive- té boüillante.

Sa ſubſtance doit être épaiſſe & gluante, ſi elle eſt ſelon les loix de la nature, afin de conſerver plus long- tems l'abondance des eſprits & de la chaleur naturelle dont elle eſt remplie. Elle eſt ainſi dans les hommes d'un âge médiocre, la chaleur dont ils abondent plus que les autres, cuiſant cette ma- tiére & la perfectionnant pour la ren- dre féconde. Ce qu'elle a de propre, c'eſt que la chaleur l'épaiſſit, & que la froideur la fond & la noircit en même- tems. En éfet, l'air froid en diſſipe les eſprits & la rend un cadavre de ſemen- ce, pour parler ainſi, au lieu que la chaleur en multiplie les parties ſubti- les, pourvû qu'elle ſoit dans un lieu où elle puiſſe conſerver ſon tempé- rament.

Son

Son odeur, que l'on peut apeller vireufe, eft une marque de fa fécondité; & tous les animaux qui font en chaleur, font exhaler de leur corps une odeur fi pénétrante, qu'à peine peut-on demeurer aurpès d'eux. Si on les tuë en ce tems-là pour en manger la chair, leur odeur eft fi défagréable, que j'ai connu des perfonnes qui étoient obligées de vomir après en avoir goûté.

Si l'on confidére exactement la femence de l'homme, on y trouvera deux fortes de fubftance; l'une épaiffe & gluante, l'autre déliée & fpiritueufe : c'eft dans cette derniére partie, ainfi que nous expliquerons ci-après, que réfide le principe du mouvement, lequel principe eft d'une nature proportionnée à ce qui brille dans les aftres.

Cette femence, ainfi compofée, ne vient pas feulement des tefticules (*ab*) & des petites veffies (*k*) qui la confervent, elle coule encor de tout le refte de notre corps; ainfi que l'affure *Hipocrate*, le plus ancien & le plus éclairé de nos Médecins.

E 3   Car

Car si elle ne venoit point de toutes les parties de notre corps, nous ne nous apercevrions pas d'un épuisement si subit & si universel, lorsque nous embrassons une femme. Dans un moment notre cœur & notre cerveau ne s'épuiseroient pas d'esprits, & tout notre corps ne tomberoit pas dans un anéantissement que l'on ne sauroit exprimer.

D'ailleurs nous ne tressaillirions pas de joïe, si tout notre corps ne contribuoit à cet épanchement, & la volupté ne seroit pas si excessive, si elle ne dépendoit de toutes nos parties.

Au reste, s'il est vrai que les esprits de la semence soient faits de la partie la plus subtile du suc nerveux, & que ce suc soit fait du sang de nos artéres & de nos veines, je ne vois pas pourquoi on refuse à ces mêmes esprits le caratére des parties d'où ils sortent ; car si les urines nous marquent les diférentes dispositions des parties par où elles passent, la semence coulant des parties de tout l'homme, portera aussi sans doute

doute avec elle les idées de tout notre corps.

En éfet, quelle raison pourrions-nous aporter de la ressemblance des enfans à leur pere ou à leur mere, si nous n'étions persuadez de cette vérité? Et comment pourrions-nous nous imaginer qu'une femme naturellement boiteuse fit un enfant boiteux comme elle du même côté, & qu'elle en engendrât d'autres avec de pareils défauts qu'elle a aportez du ventre de sa mere?

Si l'on en veut atribuer la cause à la force de l'imagination, je n'ai qu'à raporter ici l'histoire que nous fait *Gassendi* d'une petite chienne, qui étant boiteuse, fit des chiens boiteux, pour faire voir en passant, que l'imagination n'a point de part dans ces sortes de ressemblances, puisqu'une chienne à l'imagination fort foible, ou n'en a point du tout.

ARTI-

❋❋❋❋❋❋❋❋❋❋❋❋❋❋❋.❋❋❋❋❋❋❋❋❋❋❋❋❋

ARTICLE II.

Exacte description des parties naturelles &
internes de la femme.

AVant que de parler de la semence de la femme & de la maniére
dont un enfant est formé dans ses entrailles , j'ai jugé à propos de faire une
description exacte de ses parties naturelles , & de joindre les observations
que j'en ai faites à ce que j'en ai dit en
général dans la premiére partie de ce
Livre.

Ce qui nous empêche ordinairement d'examiner les choses avec dili-
gence, c'est la pensée où nous sommes
que les anciens n'ont rien ignoré, &
qu'il ne reste plus rien à savoir. Dans
cette pensée, l'esprit le plus prompt &
le plus pénétrant se ralentit & s'émous-
se ; & parce que nous haïssons naturellement le travail, nous nous conten-
tons d'aprendre sans peine ce que l'on
nous dit. Mais il me semble qu'il n'y a
point

point d'art qui ne fe perfectionne par
les expériences que l'on y peut faire:on
y doit toujours confulter.les fens , afin
de nous défabufer par-là des faux fentimens que l'on nous auroit pû donner.

La matrice eft une partie principale de la femme ; puifqu'elle lui caufe
tant de maux par fes défordres & qu'elle lui porte tant de bien par fa bonne
difpofition. Car fi l'on fait réflexion
aux maladies que foufrent les femmes
par l'incommodité de la matrice , nous
demeurerons d'acord que toutes celles qui les afligent viennent plutôt de
cette partie que des autres , ou du
moins qu'elles ne fe font jamais fentir
fans qu'elle en foit en quelque façon la
caufe. Le corps n'eft pas feulement incommodé , l'ame s'en reffent encor ,
& la maladie fait d'auffi funeftes impreffions fur l'une que fur l'autre partie. Au contraire, quand la matrice eft
en bon état , on ne fauroit dire quels
avantages elle aporte à une femme. La
couleur de fon vifage eft vive , fes yeux
font brillans & pleins de feu , fa voix
eft agréable & charmante, fon difcours

eft

eſt engageant : en un mot, l'amour lui inſpire des ſentimens de douceur & de complaiſance.

J'ai dit ailleurs, que la matrice n'étoit pas dans le même état en toutes les femmes. Elle ne garde ni ſa ſubſtance, ni ſa ſituation, ni ſa grandeur, ni ſa figure ordinaire, quand une femme eſt groſſe. Sa couleur, ſon épaiſſeur & ſa ſuperficie interne ſont encor alors toutes autres ; & ſi l'on veut ſe donner la peine de la diſſéquer en ce tems-là, à peine la pourroit-on aiſément diviſer en 5. ou 6. membranes quand elle eſt vuide.

Les teſticules ne ſont ordinairement éloignez de la matrice que de deux travers de doigt dans les femmes qui ne ſont pas encor enceintes ; mais dans les autres ils touchent tout à-fait la matrice (*a*) & ils ſont beaucoup plus longs, plus plats & plus pleins de ſemence dans celle-ci que dans les premiéres. Plus les femmes aprochent du tems de leur acouchement, plus ils perdent, auſſi-bien que la matrice, leur ſituation & leur figure naturelle. La
ma-

matiére blanche dont ils font alors abondamment remplis , a du raport au blanc d'un œuf de poule , ainfi que *Bef-lérus* témoigne l'avoir fouvent trouvé & que j'en fuis moi-même le témoin ; car étant à Padouë & difféquant avec le Sieur *Sinibaud* une fille de 20. ans , qui s'étoit précipitée dans un puits à caufe de fa groffeffe , je trouvai fes tefticules fi pleines de femence , qu'au premier coup de fcapel , la matiére renfermée réjaillit auffi-tôt contre mon vifage , & m'en étant par hazard tombé fur les lé-vres , j'y portai la langue , fans y pen-fer , & j'en goûtai affez pour la trouver fade , dégoûtante & un peu âpre.

Quatre vaiffeaux viennent à droite & à gauche des lieux que nous avons marquez ailleurs , (*b*) ils fortent entor-tillez les uns dans les autres & liez en-femble par la production du péritoine , qui les renferme en forme d'étui , & defcendant ainfi vers la matrice , ils fe partagent en deux branches , dont l'u-ne , qui eft la plus groffe , eft diftribuée à la matrice , (*c*) & l'autre aux tefticu-les. (*d*) La première eft fouvent divifée

en

en trois rameaux, dont le premier & le plus gros est distribué dans le fond de la matrice, (*e*) pour y causer les régles dans les femmes qui ne sont pas enceintes; ce que l'expérience nous a montré dans les matrices renversées, ou pour y porter dans les derniers mois de la grossesse. Le second (*f*) est plus petit & ne sert qu'à arroser & nourrir la matrice. Enfin le troisiéme (*g*) est assez gros, il rampe le long des membranes de la matrice & va se terminer par des conduits capillaires vers son col, où il se mêle avec les vaisseaux hypogastriques & iliaques; (*h*) c'est ce vaisseau qui fait les régles dans les femmes grosses, & qui les décharge de l'abondance de leurs humeurs.

Il n'y a point de parties dans le corps de la femme, où les anatômoses (*i*) & les communications de vaisseaux paroissent plus évidemment que dans la matrice; car on n'a qu'à souffler d'un côté, tous les vaisseaux s'enflent de l'autre & se remplissent de vent; si bien qu'après cela on ne peut douter du mélange des humeurs dans cette partie.

Pres-

Presque tous les Anatomistes apellent les vaisseaux dont nous venons de
parler, des vaisseaux spermatiques (*c*)
ou parce qu'ils se sont imaginez qu'ils
préparoient la semence, ou que la semence des femmes n'étoit pas diférente de leurs régles : mais pour moi, qui
les ai toûjours trouvez pleins de sang,
je les nommerai les vaisseaux sanguins
de la matrice.

L'autre branche qui est distribuée au
testicule, (*k*) est divisée en deux rameaux, ainsi que je l'ai observé par un
microscope. L'un entre dans l'une des
extrémitez du testicule, (*l*) avec un tel
artifice, que l'artére & le nerf (*m*) se di-
visent en mille petits conduits, & filtrent leur humeur dans sa cavité. L'autre se perdant dans le ligament large
(*t*) qui lui sert d'apui, porte sans doute à la *Tuba* (*x*) des humeurs propres
à faire & à entretenir les boules où se
forment les enfans.

Ce que j'ai observé de particulier,
c'est que les vaisseaux spermatiques
(*u*) qui coulent en abondance dans le
ligament large, (*t*) entre le testicule (*o*)

& la *Tuba*, (*p*) & que l'on peut nommer vaisseaux nerveux, parce qu'on
ne les aperçoit presque point, (*u*) ont
un, deux ou trois troncs, que j'ai aperçûs dans quelques femmes toucher les
cornes de la matrice, comme si l'humeur venant des testicules par des vaisseaux capilaires, étoit portée par plusieurs troncs pour être communiquée
aux cornes de la matrice.

Les cornes de la matrice, que l'on
apelle la *Tuba*, (*p*) ou la *Trompe de la
Fallope*, ont du raport aux vésicules séminaires des hommes; car elles confervent la femence des femmes : ces cornes fortent de chaque côté de la matrice vers le fond : (*q*) elles font de la
longueur de 7. pouces ou environ, &
de la grosseur à peu près d'un pouce
dans les femmes grosses; mais dans les
jeunes filles ou dans les vieilles femmes, elles font fort petites & ne res-
femblent qu'à un ligament. Du côté de
la matrice elles font grêlées, dures &
blanches, (*q*) & puis devenant plus
rouges & plus larges à mesure qu'elles
s'en éloignent, elles forment à l'autre

extré-

extrémité, ce que nous apellons *la frange de la Trompe.* (*r*) Ces conduits que j'ai trouvé s'avancer dans le ventre au-deſſous des teſticules, ſont plus preſſez en quelques lieux qu'en d'autres; ſi bien que chacun forme trois ou quatre petites cellules, qui pourroient être la cauſe de pluſieurs enfans qu'une femme peut faire à une ſeule fois.

La frange (*r*) eſt faite de petites fibres, entrelaſſees les unes dans les autres, & embaraſſees d'une humeur gluante, principalement quand une femme eſt groſſe. Ces fibres, qui reſſemblent à de petits nerfs, empêchent ſans doute que la ſemence ne ſorte plus ſoùvent qu'elle ne fait par l'ouverture de la frange, ou plutôt elles y préparent l'air, lorſque l'enfant commence à y être formé, quoiqu'il ne reſpire pas: tout de même que la luette & l'épiglotte le préparent pour le poulmon. Car cet élément eſt un corps qui pénétre tout, & qui même ſe fait paſſage dans les matieres les plus preſſées & les plus ſolides. C'eſt peut-être pour cela que l'on a nommé ces tuïaux, la

F 2   ſoupa-

soupape ou le *soupirail* de la matrice.

Une femme n'a pas plutôt conçu, que l'on obſerve en ce tems-là, plus qu'en tout autre, une élévation à l'ouverture de ces vaiſſeaux dans la matrice, & j'y ai ſouvent rencontré comme une petite peau charnuë, que l'on pourroit apeller *Valvule*, (l) qui défendoit l'entrée & permettoit la ſortie aux humeurs qui ſe rencontroient dans les cornes de la matrice.

Ces cornes, (p) que l'on peut nommer vaiſſeaux ou conduits éjaculatoires, ſont remplies d'une matiére qui reſſemble à du petit lait un peu épais : elle ſe trouve ſouvent en ſi grande abondance dans les femmes qui aiment éperduëment, qu'elle ſort des deux côtez, quand elle eſt agitée ; c'eſt-à-dire, par la frange, pour cauſer les accidens qui arrivent aux femmes incommodées des vapeurs, & par l'ouverture de la matrice, pour faire les pollutions que ſoufrent ſouvent les plus amoureuſes.

J'ai ſouvent obſervé dans les chienne pleines, ce qu'*Harvée* a remarqué

dans

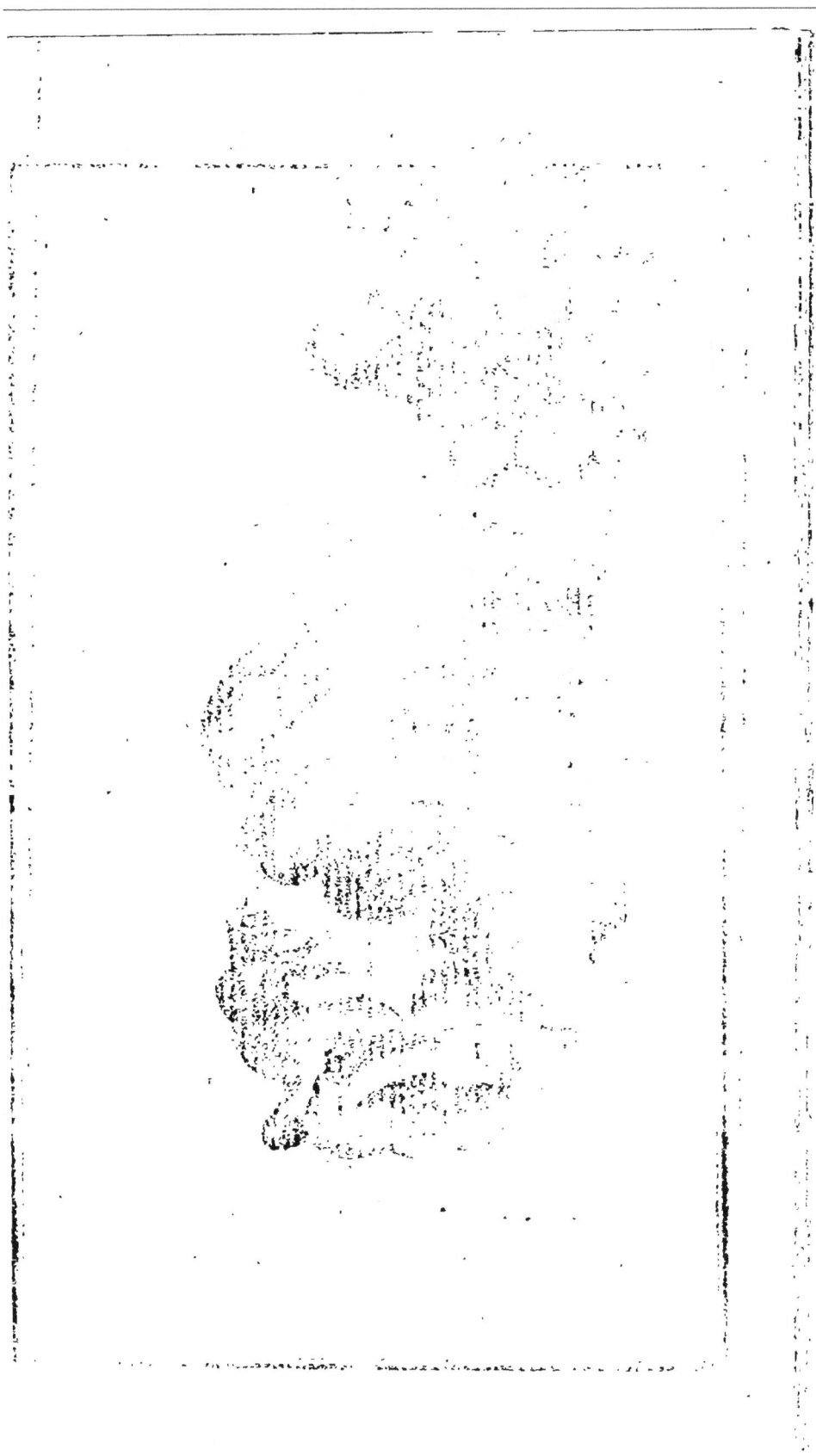

Fig. 7.

dans les biches, que les cornes de la
matrice avoient un mouvement semblable à peu près à celui de nos boïaux;
& je ne doute point que celles des femme n'en aïent auffi pour fe décharger
de l'enfant qui commence à fe former
& pour fe défendre encor d'une abondance de femence corrompuë : fi bien
que pour les afermir contre la violence des mouvemens qu'elles font con-
traintes de faire quelquefois, la nature
les a fortifiées par un fort ligament, qui
va d'un bout à l'autre. Car ce font ces
cornes avec les tefticules , & non le
corps de la matrice, que l'on fent mouvoir avec tant de violence dans quelques femmes hyftériques.

ARTICLE III.

De la femence de la femme.

SI *Ariftote*, & fes Sectateurs, ne s'é-
toient pas aquis pendant plufieurs
fiécles une fi grande réputation, je me
perfuade qu'il me feroit aifé prefente-

ment

ment de prouver que les femmes ont
de la femence qui contribuë en partie
à la génération. Car il n'y auroit qu'à
examiner fans préocupation l'action &
l'ufage des parties que je viens de dé-
crire, pour être convaincu que le fentiment où je fuis eft le plus vrai-fem-
blable ; mais avant que de l'établir dans
toute fa force, voïons en peu de mots
fi les raifons des adverfaires ont quelque folidité.

1. Si les femmes, difent-ils, avoient
de la femence, elles n'auroient point
de régles, puifque l'une & l'autre matiére peut fufire à former un enfant ;
mais parce que nous fommes affurez,
ajoutent-ils, qu'elles ont des régles, &
qu'elles n'engendrent jamais fans en
avoir, on doit conclure qu'elles n'ont
point de femence.

2. D'ailleurs fi les femmes avoient
de la femence, il s'enfuivroit qu'elles
auroient un principe d'action, par lequel un enfant pourroit fe former dans
leurs entrailles fans la participation
d'un homme, leur femence agiffant
fur les régles. Mais parce que nous n'a-
vons

vons point d'exemple de cela, on doit auſſi avoüer qu'elles n'ont point de ſemence.

3. Au reſte, il n'y auroit jamais de conception ſans volupté, ſi les femmes avoient de la ſemence : mais parce, diſent-ils, que nous ſommes certains, par l'aveu même des femmes, qu'elles ſont quelquefois devenuës groſſes, ſans avoir été touchées du moindre contentement, nous devons croire qu'elles n'ont point de ſemence ; car ſi elles en avoient, elles ſeroient ſans doute averties de ſon écoulement par quelques petites voluptez.

4. Ils diſent encor, que ſi les femmes ont de la ſemence, au moins n'eſt-elle pas féconde, & ne peut ſervir en aucune maniére à la génération : que ce n'eſt qu'une humidité ſuperfluë, pour arroſer leurs parties naturelles, & pour les irriter quand il faut ſe joindre amoureuſement ; & que comme les Eunuques ont une eſpece de ſemence qui n'a aucune vertu, les femmes ont auſſi une matiére qui n'a point de force à former un enfant.

5. Les

5. Les femmes font femblables aux enfans & aux Eunuques, dans la voix, dans le poil, dans l'habitude du corps & dans la paffion de l'ame; elles n'ont donc pas plus de femence qu'eux?

Mais 1. l'expérience nous fait voir qu'il en eft tout autrement, & la raifon n'y eft pas contraire : car la femence des femmes eft bien diférente de leurs régles; l'une eft blanche, & les autres font rouges. Celle - là fort en petite quantité, & ne s'écoule point ordinairement fans quelque plaifir; & celles-ci s'épanchent le plus fouvent en abondance; & bien loin de les rendre joïeufes, elles en deviennent triftes & abatuës. Après-tout, la forte imagination peut fouvent contribuer à l'écoulement de la femence : mais, quelque vive que foit cette faculté de l'ame, elle ne fauroit avancer ni retarder les régles d'un feul jour. Et ainfi les femmes ont de la femence & des régles tout enfemble , puifqu'elles ont diverfes paffions qui en font des marques évidentes, la première matiére fervant à engendrer, & la feconde à nourrir

en

en partie les enfans qu'elles font.

2. Le raifonnement de ces Philofophes fur la formation de l'homme eft fi éloigné de la vérité, que je ne m'étonne pas fi leurs raifons font foibles. Ils fe perfuadent que le fang des régles fert d'abord à nous former, & l'expérience nous fait voir tout le contraire ; favoir, que nous fommes plufieurs mois dans le fein de nos meres fans en avoir befoin. Sur ce faux principe, ils établiffent des raifonnemens qui fe détruifent d'eux-mêmes ; car fa femence ne pouvant rien faire elle feule, & n'étant qu'une caufe partiale, il eft impoffible qu'elle foit la caufe totale & active de la génération.

J'avoüe que le plaifir n'accompagne pas toujours la conception ; & je ne faurois croire que ce foit le feul écoulement de la femence des femmes qui leur caufe des contentemens. Le chatouillement qu'elles reffentent des parties de l'homme, & la forte imagination qu'elles ont dans le combat amoureux, en font la principale caufe ; fi bien que je ne m'étonne pas s'il y en a

eu

eu quelques-unes, qui n'aïant pas la liberté de l'imagination & du chatoüillement, ont engendré sans plaisir.

4. Après-tout, si les femmes, n'ont pas de semence propre à engendrer; comment les enfans ressemblent-ils si parfaitement à leur mere dans les qualitez du corps, dans les passions de l'ame, & dans les maladies auxquelles elles sont sujettes? Et que dira-t-on du mélange de diférentes bétes, comme d'un cheval & d'une ânesse qui font un mulet, si la femelle, par sa semence, ne contribuë rien à la génération?

Mais pour prouver encor davantage ce que nous venons de dire, on m'avoüera que la nature ne fait rien en vain, & qu'il ne faloit pas un si grand apareil de vaisseaux spermatiques, de testicules, de cornes, &c. si toutes ces parties n'étoient faites que pour humecter la matrice. Elles ont assûrément un autre ofice que celui que les Péripatéticiens leur donnent, elles servent à faire de la semence pour former les hommes. Et quoique la semence des femmes ne soit point si cuite que celles

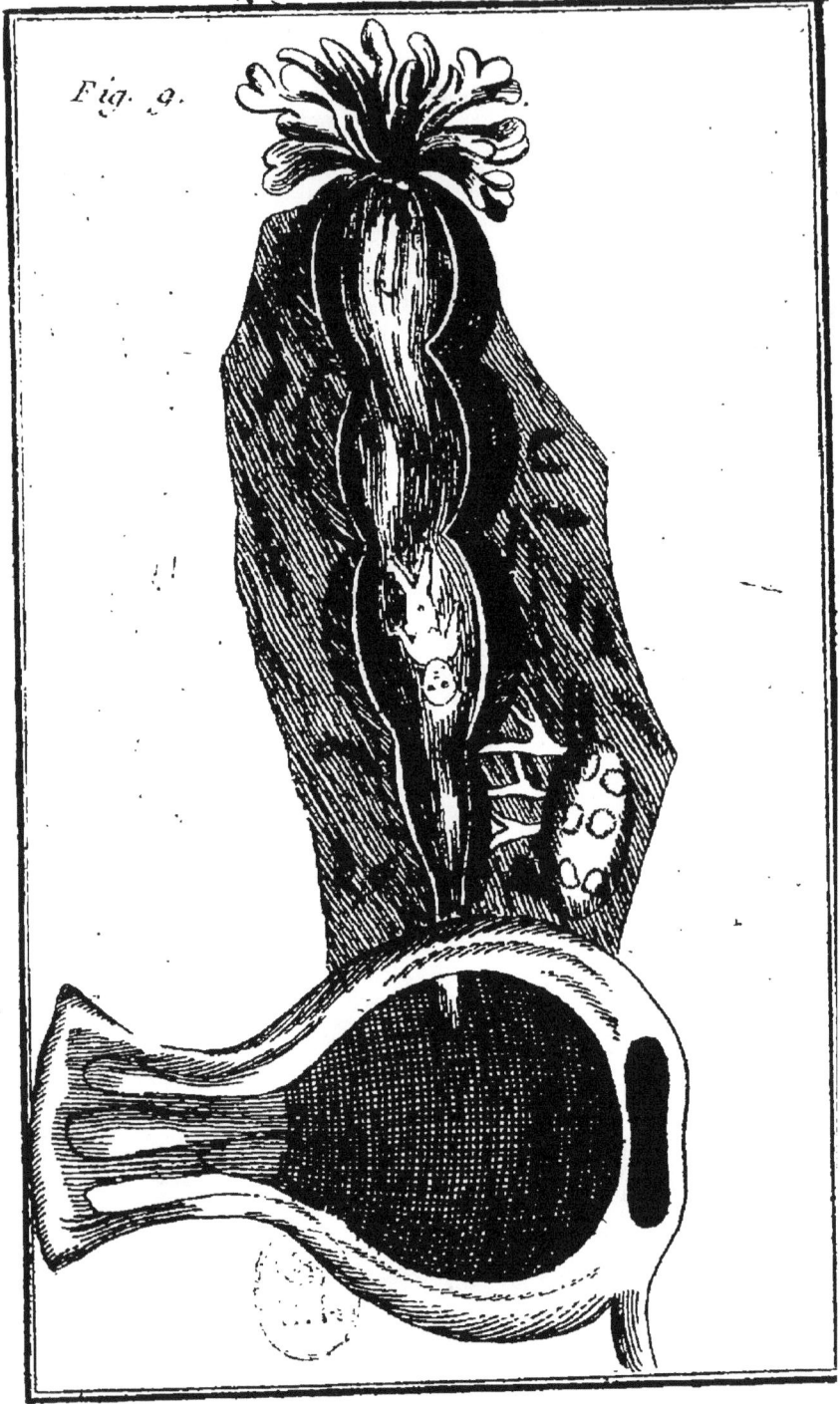

Fig. 9.

lés des hommes, elle ne laisse pas pourtant d'être de la semence, comme leur sang est du sang, bien qu'il soit moins digéré que le nôtre.

On sait à quelles maladies quelques femmes sont sujettes, quand elles demeurent vierges ou veuves, ou quand elles ne sont pas assez caressées de leurs maris ; & l'on sait aussi quel reméde est le plus prompt & le plus éficace pour le guérir. Si la semence qui est retenuë dans les cornes de la matrice est emploïée à former un enfant, toutes les facheuses incommoditez dont elles étoient auparavant tourmentées cessent dans un moment, & la cause matérielle de leurs maux servant à d'autres meilleurs usages, elles joüissent ensuite d'une santé parfaite.

Mais encor, si j'ose faire comparaison entre les oiseaux femelles & les femmes, je pourrois dire, que puisqu'ils ont de la semence, qui contribuë à former leurs petits, les femmes en ont aussi qui sert à la génération : car quel usage auroient les testicules des femmes qui la fabriquent ? Et l'expérien-

périence ne nous fait-elle pas connoître que les bêtes femelles châtrées ne
soufrent pas l'aproche de leurs mâles ?
Nous remarquons deux fortes de fubftances dans un œuf de poule ; le poulet fe forme du blanc, qui eft la femence de la poule, & s'en nourrit dans les
premiers jours de fa formation, & dans
les derniers il fe nourrit du jaune, qui
vient du plus pur fang de la poule ; fi
bien que le blanc de l'œuf aïant du raport à la femence de la femme, on
peut dire que la génération fe fait dans
la femme comme dans les œufs, &
qu'elle contribuë à la formation d'un
enfant, en donnant de la femence de
fon côté, auffi-bien que les fémelles
des oifeaux. Que dira-t-on des poules châtrées, à qui on a arraché l'ovaire, comme le réceptacle de leur femence, pour les rendre ftériles, graf-
fes & tendres ?

Enfin, s'il m'eft permis de me fervir de l'Ecriture-Sainte dans cette ocafion, je pourrai conclure que la femme
a de la femence qui contribuë à la génération, puifque Dieu menaçant les
hommes,

Fig. 10.

hommes, leur dit par la bouche de Moïse, *qu'il mettra une haine irréconciliable entre la femence de la femme & la femence du ferpent*, en parlant de la poftérité de l'un & de l'autre.

* * *

ARTICLE IV,

De l'ame de l'homme.

NOus fommes perfuadez de l'exiftence de beaucoup de chofes, bien que nous n'en connoiffions pas les qualitez. Nous demeurons tous d'acord que nous avons une ame, fous l'empire de laquelle nous vivons, mais nous ignorons ce que c'eft que cette ame qui nous fait agir, & qui nous en empêche quand il lui plaît. Nous ignorons encor quel eft en nous le lieu de fa réfidence. Cette ame qui connoît tout, ne fe connoît pas elle-même; elle eft comme un œil qui découvre tous les objets, mais qui ne fe voit point & qui ne fait de quelles parties il eft compofé.

Tome II.   G   Cet-

Cette dificulté que nous avons à comprendre la nature de l'ame , eſt une preuve évidente qu'elle eſt faite à l'image d'un Dieu , qui ne peut être compris lui-même. Cependant, ſi nous pouvons eſpérer d'en avoir quelque connoiſſance , il ne faut point nous donner la peine d'interroger les Philoſophes ſur cette matiére ; ils en ont trop dit , pour dire vrai. Leur inclination naturelle & les diverſes paſſions de leur ame , les ont fait ſouvent tomber dans l'erreur ; parce que ces deux choſes ne les ont pas tant portez à examiner notre ame avec ſoin , qu'à en juger avec préocupation.

Car l'inclination qu'ils ont euë pour la grandeur, l'élévation & l'indépendance , les a engagez inſenſiblement dans une fauſſe érudition, où ils ont vû des choſes vaines & inutiles, qui ont flâté leur orgueil ſecret, en les faiſant admirer de tout le monde. Les paſſions les ont fait ſortir hors d'eux-mêmes, pour leur repreſenter les choſes, non pas ſelon qu'elles étoient en elles-mêmes, pour en former des jugemens de véri-

vérité , mais felon le raport qu'elles avoient avec eux, pour flâter leur inclination & celle de ceux à qui ils étoient unis , ou par nature ou par volonté. Car l'union naturelle que l'on a avec ceux qui font autour de nous, par la reffemblance du tempérament, de la profeffion & de la fauffe Religion où l'on a été élevé, eft fouvent la caufe de beaucoup d'erreurs où l'on tombe tous les jours.

· Nous les communiquons enfuite à d'autres , parce qu'on nous les a communiquées , & nous en fommes perfuadez, parce que nous ne les avons pas confidérées avec affez d'atention , & que nous n'avons pas été affez défintereffez pour en bien juger. L'amour des chofes nouvelles & extraordinaires nous préocupent fouvent en faveur de ce que nous prenons pour des véritez cachées : & j'avouë fincérement que tout ce qui porte le caractére de l'infini, comme l'ame, eft capable de troubler notre imagination & de nous féduire, à moins que d'avoir des principes infaillibles qui nous puiffent conduire

duire

duire dans toutes les dificultez qui se
presentent sur cette matiére.

Car quelle aparence de juger lequel
des sentimens est le plus véritable touchant la nature & l'origine de l'ame,
dans les Livres de ceux qui en ont
écrit? Mais sans m'arrêter ici aux Philosophes Païens, je dirai que plusieurs
Chrétiens ont cru que l'ame de l'homme étoit une substance corporelle, &
par conséquent périssable, faite d'air
ou de feu, ainsi que l'a décidé quelque Concile contre les Païens, qui la
croïoient incorporelle & par conséquent immortelle; comme ont été *Démocrite*, les *Epicuriens* & les *Stoïciens*.

D'autres Chrétiens ont soutenu le
contraire, & ont dit, avec les derniers
Conciles, qu'elle étoit incorporelle,
& par conséquent exempte de tous les
accidens qui arrivent aux corps. Quelques-uns ont enseigné, que, selon le
langage de l'Ecriture, elle étoit le sang
de nos veines, puisque l'ame nous qui-
toit quand nous en perdions beaucoup.
D'autres, comme les Manichéens, ont
dit qu'elle étoit une portion de la lumiére

miére célefte, & les Sociniens de notre tems ont publié qu'elle étoit un vent délié & fubtil.

Enfin il y a tant d'opinions fur la nature de l'ame dans les Livres des Chrétiens & des Païens, qu'il n'y a que Dieu feul qui fache laquelle eft la plus véritable ; & c'eft même une grande queftion de favoir celle qui a le plus de vraifemblance.

Cependant nous nous flâtons de favoir que l'ame eft ce qui nous fait vivre, fentir, mouvoir & comprendre ; qu'elle eft une fubftance qui en ocupe une autre dans toutes fes parties, & qu'elle n'ocupe point de lieu comme un corps, puifqu'elle eft indivifible, felon le fentiment même de quelque Philofophe Païen ; mais qu'elle a feulement une étenduë de vie, pour me fervir de l'expreffion de *S. Auguftin* ; qu'elle n'eft jamais dans le repos, & que le mouvement lui eft quelque chofe de fi naturel, qu'il en eft inféparable, fi bien qu'il ne faut pas s'étonner fi elle eft inceffament dans l'agitation, puifqu'elle prend fon origine de cet Efprit

G 3 Cé-

Céleste, qui l'a créée & qui est d'une nature à ne demeurer jamais dans l'oisiveté. Enfin comme les plaisirs du mariage sont excessifs & qu'ils touchent si vivement notre corps & notre ame, il faut que ce soit quelque chose d'immatériel qui sente tant de plaisir en nous.

Son origine est aussi contestée que sa nature. Les uns ont crû qu'elle sortoit de Dieu, qu'elle étoit une partie de sa substance & une étincelle de sa Divinité. Les autres, qu'elle étoit une partie du soleil & de l'ame du monde, laquelle étant partagée entre toutes les choses animées, ceux des hommes qui en avoient le plus, étoient aussi les plus spirituels. Il y en a qui se sont imaginé que toutes les ames avoient été conservées au Ciel, pour être ensuite distribuées aux corps qui en avoient besoin : d'autres, qu'elles étoient créées & placées dans le corps de l'enfant au moment que la conception se faisoit, ou après que l'embrion avoit toutes les parties acomplies & disposées à la recevoir ; d'autres, qu'elle venoit de l'ame

l'ame de nos peres par le moïen de la
femence. Enfin, il y a fur cette matiére des penfées fi ridicules, que je per-
drois le tems fi je les voulois toutes raporter ici.

Pour moi, après avoir examiné tout
ce que l'on peut dire de la nature & de
l'origine de l'ame, je prens Dieu à témoin, pour me fervir de l'expreffion
de *S. Jérôme*, que je ne vois rien qui
me puiffe fatisfaire fur cela. En éfet,
c'eſt une partie de la fageffe humaine,
que d'avoüer fincérement qu'il y a
quelque chofe que nous ne favons pas.

Mais quoiqu'il en foit, s'il faut confidérer l'homme tel qu'il eſt, nous le
devons confidérer compofé de quatre
fortes de fubſtances dif.rentes.

L'entendement ou l'intelligence, fi
l'on veut, en eſt comme le maître,
étant une partie indépendante & immatérielle. C'eſt lui qui nous vient de
dehors & qui n'eſt pas comme les autres parties atachées à la matiére. Il eſt
envoïé dans le corps de l'enfant qui
commence à fe former dans les flancs
de fa mere, comme un Ange ou un
pre-

premier moteur, qui va bâtir un domicile pour fa demeure, felon le fenti-
mont de *Tertullien*, & qui rendra compte un jour de fes bonnes ou de fes
mauvaifes actions.

Le corps eft comme l'efclave ; il
foufre toutes les incommoditez auxquelles nous fommes fujets, & obéït,
en qualité d'inférieur , aux loix que
lui impofe cette partie fupérieure de
nous-mêmes.

L'entendement & le corps de l'homme , font deux fubftances fi éloignées
l'une de l'autre , qu'il eft impoffible
qu'elles fe puiffent joindre fans un lien
qui les affemble. Il a donc fallu quelque
chofe qui participât en quelque façon
des deux extrémitez, pour les lier l'un
à l'autre ; l'ame & les efprits font ce
merveilleux lien qui joint l'entendement au corps de l'homme.

L'ame eft une fubftance pure &
comme un élixir de tous nos efprits.
Les efprits font engendrez de la plus
pure portion de notre fang ; ils font
très-purs , très-clairs , & avec cela très-
prompts à fe mouvoir aux moindres
ordres

ordres de notre entendement. Le cœur
est la partie qui en fabrique la matiére,
le cerveau la perfectionne, & les nerfs
conservent les esprits & les portent enfin par tout notre corps.

Puisque l'ame & les esprits lient l'entendement avec le corps, l'ame sert
aussi de lien pour unir l'entendement
aux esprits, & les esprits unissent l'a-
me & le corps si bien, que selon ce
sentiment, l'ame aproche davantage
de la substance de l'entendement, s'il
m'est permis de parler de la sorte, &
les esprits de la substance du corps.

Ainsi l'entendement & l'ame sont
quelque chose de fort diférent dans
l'homme; aussi remarquons-nous que
tous les peuples ont divers termes
pour les désigner, quand ils en parlent
à dessein. En éfet, il semble que ce
qui nous fait vivre, soit autre chose
que ce qui nous fait penser, selon la réflexion de *Lactance;* car l'ame est assou-
pie dans ceux qui dorment, lorsque
l'entendement se fait connoître par ses
fonctions; au lieu que dans les fols
l'entendement est comme éteint, lorsque

que l'ame ne laisse pas de bien agir.
L'entendement & l'ame sont donc diférens l'un de l'autre, s'il le faut dire
une seconde fois, puisque le premier
vient de Dieu, & que l'autre est communiqué par le moïen de la semence
de nos peres?

Peut-être que le sentiment dans lequel nous sommes que la semence est
animée, pourroit paroître étrange, si
nous n'aportions de bonnes raisons
pour en faire voir la vérité.

S'il est vrai que les esprits sont des
parties qui nous composent, comme
l'enseigne *Hypocrate*, & que nos parties soient animées, selon le sentiment
de tout le monde : il n'y a pas, ce me
semble, lieu de douter que la semence
ne soit animée, puisqu'elle n'est presque tout qu'esprit.

D'ailleurs, si la semence des plantes
a un principe de mouvement qui les
fait germer ; qui est-ce qui niera que
la semence de l'homme n'en a pas un
qui l'anime & qui la fait agir ? On l'a-
pellera, si l'on veut, selon le sentiment
d'*Aristote*, une partie de l'animal, puisqu'elle

qu'elle est la principale cause de son mouvement ; & c'est-là ce qui est le propre de l'ame.

D'autre part, nous nous apercevons dans les plaisirs que nous prenons avec les femmes, qu'il sort quelque chose de notre ame qui nous fait tressaillir de joïe, puis nous demeurons languissans & abatus, nos yeux s'afoiblissent & nous sentons que notre ame pâtit. Ce qui nous fait croire que l'ame renfermée dans la semence, est une distilation de notre ame, comme la matiére de cette même semence est un extrait & un élixir de notre corps.

Car qui pourroit s'imaginer que la nature peut passer d'un lieu à un autre, par un milieu qui ne participât point des deux extrémitez, & que le pere étant animé aussi-bien que le fils, pût produire ce-même fils, sans que la semence du premier, qui a servi de milieu à ces deux personnes, fut elle-même animée.

Au reste, d'où vient l'amour déréglé d'un jeune homme, qui ressemble à fort à son pere dans cette passion de l'ame ?

l'ame ? D'où lui vient encor cette ambition extraordinaire, qui eſt ſi naturelle à ſa mere, ſi ces deux paſſions qui le dominent ne coulent de l'ame de l'un & de l'autre ?

En éfet, l'expérience nous aprend que les bêtes mêmes de diférentes eſpéces en produiſent une troiſiéme, qui a un inſtinct mêlé, & que s'il y a de la variété de ſon corps, il n'y en a pas moins de ſon ame, par le mélange des deux matiéres & des deux ames de la ſemence de ces animaux.

Nous ſavons encor, par la même expérience, que tout ce qui eſt au monde produit ſon ſemblable, & je ne vois pas pourquoi entre toutes les choſes animées, les hommes ſeroient privez de cet avantage.

En un mot, ſi nous voulons ſuivre la penſée de *Senéque*; *la ſemence a une ame qui eſt le principe d'un homme à venir; elle en conſerve toute l'idée dans ſa matiére: elle y cache déja de la barbe & des cheveux blancs: enfin l'enfant qui n'eſt pas encor formé, eſt néanmoins enſeveli tout entier dans la ſemence. Les traits de ſon corps y ſont déja*
mar-

marquez; l'on peut dire que cette semence contient tout ensemble, un enfant, un jeune homme & un vieillard.

C'est sur cela qu'*Ovide* reprochoit à *Ponticus* sa mauvaise coutume de perdre un homme avec les doigts. En éfet, il n'est pas permis par la Loi de se polluer; parce que, selon la pensée de *Tertullien*, c'est un homicide prématuré, que d'empêcher ainsi un homme de naître. Et les Jurisconsultes veulent que l'on punisse un homme de mort, ou de grosse amende pécuniaire, s'il fait faire de fausses-couches à une femme dans quelque-tems que ce soit de sa grossesse.

Nous pouvons donc conclure que la semence de l'homme & de la femme est animée, mais qu'elle est animée seulement en puissance; c'est-à-dire, comme l'explique *Pomponace*, qu'il ne manque que les organes nécessaires pour produire ses actions. Mais après que la semence des deux sexes est mêlée l'une avec l'autre, les organes de ses mouvemens, qui étoient auparavant ensévelis dans la matiére, s'en dé-

gagent enfin & fe manifeftent par leurs
mouvemens fenfibles : fi bien que dans
la conception la femence cefle d'être
ce qu'elle étoit auparavant & devient
ce qu'elle n'étoit pas ; c'eft-à-dire, que
l'ame de la femence nous donne alors
des marques de fa prefence, au lieu
qu'avant cela elle étoit comme enfé-
velie dans l'embarras de la matiére.

La femence eft comme un Architec-
te, pour me fervir de la comparaifon
d'*Ariftote*, qui conferve dans fa mémoire le deffein d'un édifice qu'il veut
conftruire ; & lorfqu'il trouve l'ocafion
de le faire, il en fait un matériel qui a
toutes les mefures & les dimenfions
pareilles à celui dont il s'étoit auparavant formé l'idée.

Tout ce que l'on pouroit dire contre ces principes, felon la penfée de
Sénert, ne feroit qu'une injure que
nous ferions à Dieu par notre propre
ignorance ; car fi Dieu a commandé à
la nature, qui n'eft qu'un ordre fecret
de fa Providence, par lequel toutes
chofes font ce qu'elles font & font ce
qu'elles doivent faire : s'il lui a, dis-je,
com-

commandé de faire croître & multi-
plier toutes chofes en produifant chacune fon femblable , je ne fai pourquoi
ce commandement ne tomberoit que
fur ce qui n'eft pas raifonnable ?

ARTICLE V.

Du fang des Régles.

LA nature ne s'eft pas contentée de
faire naître dans les hommes &
dans les femmes de la matiére propre
à engendrer des enfans ; elle a encor
ordonné aux femmes de produire de
quoi les entretenir après les avoir conçûs , & dequoi les nourrir quand ils
font nez. Le fang des régles qui coule
réguliérement tous les mois dans les
femmes faines , & qui ne font ni enceintes ni trop vieilles , eft femblable
au fang d'une victime que l'on vient
d'égorger ; auffi eft-il une portion du
fang de leurs artéres. Il eft vrai qu'elles
fe déchargent quelquefois par-là de
toutes les impuretez dont leur corps
eft rempli , & c'eft alors ce qui fait pa-

roî-

roître ce fang impur & corrompu.

Bien que nous obfervions, quoique rarement, dans quelques arbres des fruits fans fleurs, & que quelques femmes foient devenuës groffes fans avoir leurs réles, comme nous le marque *Hipocrate* de la femme de *Gorgias*; cependant les fleurs des femmes devancent prefque toujours la conception, & font le plus fouvent un figne de fécondité.

Ce fang eft pour l'ordinaire un fang fuperflu par fon abondance. La caufe de fes épanchemens périodiques femble être quelque chofe de fort caché, puifqu'il fe trouve dans les écrits des Médecins tant de diférentes opinions fur ce fujet.

1. Les uns difent que l'oifiveté, la bonne chére, & le tempérament froid & humide des femmes, ne contribuent pas peu à les faire ce qu'elles font. Elles ne diffipent pas tout le fang qu'elles engendrent; ce qui refte tous les jours de fuperflu, après qu'elles fe font nourries, faifant peu-à-peu une plénitude confidérable dans la maffe de leur fang, vient enfin à un tel degré d'abondance,

ce, qu'au bout d'un mois, ou environ, la nature en étant comme accablée, les femmes s'en déchargent par les lieux deftinez à cette évacuation.

2. Les autres croient que ce qui caufe les fleurs aux femmes, n'eft pas feulement l'abondance du fang, mais une qualité fouvent manifefte & quelquefois cachée ; fi bien que les régles des femmes, ajoûtent-ils, étant âpres, pénétrantes, corrofives & malignes, il n'y a pas lieu de douter qu'elles ne puiffent ouvrir de tems en tems les vaiffeaux de la matrice, pour fe faire paffage & pour délivrer ainfi les femmes des maux où elles tomberoient par la demeure de ce fang tout-à-fait ennemi de la nature. D'où vient qu'il y en a eu qui s'en font déchargées par diférentes parties de leur corps, la nature ne pouvant foufrir cet excrément parmi fes liqueurs les plus pures.

Il ne faut pas douter, ajoûtent-ils, de la mauvaife qualité des régles, fi l'on confidére avec quels chagrins les femmes s'en déchargent, quelles foibleffes elle en reffentent, & quelle

H 3   mau-

mauvaiſe couleur elles ont, lorſqu'elles en ſont incommodées. Et ſi l'on
obſerve que les femmes qui ſont en cet
état font mourir par leur toucher une
vigne qui pouſſe, qu'elles rendent un
arbre ſtérile, qu'elles font aigrir le vin,
& roüiller le fer & l'acier, qu'elle pro-
curent de fauſſes-couches à une femme groſſe, qu'elles en rendent une autre ſtérile, qu'elles obſcurciſſent la glace & l'éclat d'un miroir ou d'une yvoi-
re polie, qu'elles font enrager un chien,
& rendent un homme fol, ſi l'un ou
l'autre goûte de ce ſang : enfin, qu'elles cauſent encor beaucoup d'autres
accidens ; on peut dire que la mauvaiſe qualité des régles eſt cauſe de leur
écoulement périodique.

3. Les autres atribuent le flux des
régles à des cauſes ſupérieures, & ſe
perſuadent que la lune eſt la maîtreſſe
des mouvemens que nous y obſervons,
car ils ont remarqué que la mer s'en-
floit davantage, que les os des animaux
étoient plus pleins de moële, que les
arbres avoient plus de ſéve, & que les
femmes ſoufroient auſſi plutôt l'épan-
che-

chement de leurs humeurs au renouveau, ou au plein, qu'en tout autre
tems : ſi bien que comme la lune **a**
beaucoup d'empire ſur les choſes humides ; les femmes étant d'un tempérament froid & humide , propre par
conſéquent à ſoufrir les impreſſions de
cet aſtre, ils ne doutent pas auſſi qu'il ne
leur faſſe reſſentir les éfets de ſa vertu.

4. Enfin , d'autres penſent qu'il y a
quelque choſe de caché & d'inconnu
dans la cauſe des régles , & que c'eſt
plutôt la loi de la nature qu'aucune autre cauſe , qui en a impoſé aux femmes
la neceſſité & l'incommodité tout enſemble. Car ils ont remarqué qu'il y a
des femmes auſſi chaudes & ſéches que
des hommes , qu'il s'en trouve qui travaillent , qui ne font guéres bonne chére , & qui néamoins font toutes aſſez
connoître qu'elles font fécondes. Le
ſang des régles n'eſt pas ſi mauvais qu'on
ſe le perſuade , pourvû que les femmes
ſoient ſaines, puiſqu'il ſert de nourriture à l'enfant qu'elles portent dans leurs
entrailles, & qu'elles les nourriſſent
enſuite du lait de leurs mammelles.

La

La lune n'eſt pas toujours la maîtreſſe des régles ; elles coulent auſſi-bien
au dernier quartier qu'au renouveau,
ou au plein ; ſi bien qu'après tout, ils
ſe ſentent obligez de croire que Dieu,
ou plutôt la nature, par ſes ordres qui
nous ſont inconnus, communique aux
femmes une néceſſité ſecrette de ſe
purger tous les mois.

Mais toutes ces opinions diférentes
ne ſatisfont pas ceux qui veulent péné-
-trer dans les ſecrets de la nature. Elles
ont toutes des dificultez inſurmonta-
bles ; & à dire le vrai, pas une ne me
plaît. Il faut donc chercher quelqu'autre cauſe du mouvement des régles
dans une fille de quinze ans, qui conti-
nuë à ſe purger réguliérement pendant une partie de ſa vie.

Si j'établis bien ce que je penſe, que
le flux des régles n'eſt cauſé que par
une fermentation que fait la ſemence
de cette fille ſur toute la maſſe de ſon
ſang ; je me perſuade d'avoir trouvé
la plus véritable cauſe de ces épanchemens périodiques.

Pour éclaircir cette dificulté, on doit
ſa-

favoir que le fang a une très-grande difpofition à fe fermenter ; tantôt , fuivant les ordres de la nature;tantôt,contre fes légitimes décrets. Nous l'éprouvons tous les jours de la premiére façon , par le mouvement de notre cœur & le battement de nos artéres , & nous n'avons que trop d'expérience de la feconde , dans nos fiévres intermitentes ou continuës.

Le levain naturel du cœur & des autres vifcéres , felon le fentiment de quelques-uns , agitent le fang continuellement par des ébulitions agréables ; la pituite dépravée le fait tous les jours d'une maniére facheufe ; la bile , de deux jours l'un ; la bile noire , le troifiéme jour ; & enfin la femence de la femme ne le fait fermenter qu'au bout de 27. ou 30. jours.

Cette femence , ainfi que nous l'avons dit ailleurs , étant d'une faveur infipide, fade & tant foit peu âpre, ce qui fe connoît même par fon odeur défagréable , fait par toutes ces qualitez boüillonner le fang , qui fort ainfi tous les mois de fes vaiffeaux.

Exa-

Examinons cette matiére de plus près, & voïons comment la femence d'une jeune fille peut fe communiquer à toute la maffe de fon fang, pour le faire enfler & fermenter, quand fes premiéres régles font prêtes à paroître.

Nous favons, par la defcription exacte que nous avons faite des vaiffeaux de la matrice, que ceux que nous avons nommez fanguins, (*b*) defcendant des parties fupérieures, fe divifent en deux rameaux, (*cd*) que l'un de ces rameaux va aux tefticules (*k*) & à la trompe (*x*) & l'autre à la matrice. (*c*) Le premier eft compofé comme celui-ci d'artére, de veine, de nerf & de vaiffeau lymphatique. L'artére (*b*) & le nerf (*m*) portent au tefticule la matiére à faire la femence ; la veine (*b*) & le vaiffeau lymphatique (*y*) raportent en haut le réfidu des liqueurs, que le tefticule & les trompes n'ont pas trouvées propres pour nourrir leur fubftance & pour fervir à leurs ufages : fi bien que cette matiére infectée, pour ainfi dire, d'une vapeur fubtile & feminaire du tefticule & des trompes, remontant en en haut , fe mêle parmi le fang ou dans la veine cave defcendante , (*z*) ou dans l'une des émulgentes, (*a*) pour communiquer d'un côté & d'autre à toute la maffe du fang les efprits & la matiére vireufe, qui a été puifée dans le tefticule & dans les trompes.

C'eft ce qui fait auffi la bonne grace des femmes & des filles , leur enjoûment, leur vigueur & leur hardieffe; car , pour parler de cette forte , les vapeurs fulphurées & fpiritueufes de la femence , fe mêlant parmi leur fang , leur fert comme de levain , qui d'un côté caufe leurs régles , & d'un autre fait ce que nous trouvons d'agréable & d'engageant dans les femmes.

La matiére qui revient des tefticules & des trompes, eft enfuite portée dans tout le corps par le mouvement du cœur & des artéres. Elle arrofe avec le fang toutes les parties, qui deviennent enfuite plus échaufées & plus pleines d'efprits ; fi bien que cette jeune fille à l'âge de 15. ans, qui eft le tems où fes tefticules commencent à avoir de la force pour répandre leurs vapeurs

par

par tout son corps, devient plus active
& plus amoureuse qu'elle ne l'étoit auparavant. Elle se sent en état d'atendre
un homme de pié ferme. Elle l'iroit
même ataquer amoureusement, si la
pudeur & la bienséance ne l'en empê-
choient. C'est alors que la nature, qui
n'est jamais dans l'oisiveté, la dispose
à la propagation du genre-humain. Elle échaufe ses parties naturelles, & y
conduit incessament de la matiére &
des humeurs pour les faire servir à perpétuer son espéce.

Cette matiére séminaire, qui se mêle ainsi tous les jours peu-à-peu parmi
son sang, dispose cette derniére humeur
à la fermentation, jusqu'à ce qu'une
susisante quantité de vapeurs spermatiques y étant mêlées, l'ébulition soit
parfaite & acomplie, desorte que le
sang puisse sortir des vaisseaux (*e f g h*)
que la nature à préparez pour servir à
cette évacuation. Le vin qui bout dans
un tonneau fermé, se fait passage à travers ses petites fentes, & évacuë une
susisante quantité de moût pour rendre
le calme au reste. Ainsi le sang qui
bouil-

bouillonne par le levain dont nous venons de parler, se fait des ouvertures
par les extrêmitez des vaisseaux de la
matrice, (*efgh*) & après que, pour
l'ordinaire, le plus mauvais s'est épan-
ché, celui qui reste demeure en repos,
jusqu'à ce que dans un mois, ou environ, il y ait encor une nouvelle matiére qui le trouble & qui le fasse sortir.
Car si nous faisons réflexion aux qualitez de la semence de la femme, nous
demeurerons d'acord que ce levain n'a
point de force pour causer de plus
prompts mouvemens.

Si le sang est dans un juste tempérament, comme il arrive dans les femmes
qui se portent bien, la fermentation
s'acheve promptement,& l'évacuation
de leurs régles finit à peu près dans
3. ou 4. jours. Mais si le sang est plein
d'excrémens, de cruditez ou de pituite, quelle aparence y a-t-il qu'il s'é-
chausse & qu'il fermente si promptem-
ment? Sa fermentation dure alors plusieurs jours, & son épanchement ne se
fait qu'avec douleur. Ce sang est comme du moût, qui a été depuis peu ex-

pri-

primé de quelques grapes de raisins.
On a beau l'aprocher du feu, il ne s'en-
flâme point ; & s'il s'échaufe un peu,
ce n'est qu'avec peine. Au contraire,
si le sang contient des matiéres bilieu-
ses & soufrées, la fermentation s'en
fera plus promptement, & la femme qui
en sera incommodée, ne manquera
pas d'être ataquée de douleurs de tête,
de flancs & de ses parties naturelles,
qui feront quelquefois enflées par l'â-
preté de l'humeur qui en sort. Ce font
les accidens que caufent les régles dans
une femme mal faine ; mais tout est pur
dans une femme pure, & ses fleurs qui
font aussi merveilles & aussi épurées
que le fang qui lui reste dans les veines, ne lui aportent que de la joïe &
de l'allégresse.

1. Cette opinion ne paroîtroit pas
encor assez bien établie par tout ce
que nous venons de dire, si nous n'a-
portions des raisons pour la confirmer.
Une des principales que l'on peut alléguer ; c'est que la plûpart des femmes, dans le tems de leurs régles, font
sujettes à une espéce de fiévre, ou du
moins

moins à une émotion univerſelle qui
y a beaucoup de raport : ce qui montre qu'il ſe fait alors une fermentation
dans toute la maſſe du ſang.

2. D'autre part, s'il eſt vrai, comme
je viens de le dire, que le ſang ne
boüillonne dans les veines des femmes
pour l'évacuation des régles, que par
le moïen de la ſemence qui s'y mêle ;
il eſt abſolument néceſſaire qu'elles
aïent cette ſemence, avant que de
nous donner des marques de leur fécondité par l'épanchement de leurs
régles. C'eſt la raiſon pour laquelle
nous voïons quelquefois des femmes
nous donner des fruits, ſans nous avoir
fait paroître des fleurs, parce qu'elles
n'ont pas aſſez de ſemence pour exciter leurs régles, & qu'elles en ont aſſez
pour faire un enfant. Témoin cette
femme de Montauban, dont parle *Ron-*
delet, qui acoucha douze fois ; & cette
autre femme de Touloufe, dont *Jou-*
bert nous fait l'hiſtoire, qui eût 18. enfans, ſans que l'une ni l'autre euſſent
jamais ſçû ce que c'étoit que les fleurs
des femmes.

I 2   3. D'ail-

3. D'ailleurs, une jeune fille de 15. ans se sent vigoureuse & entreprenante, de lâche & de timide qu'elle étoit quelques années auparavant. La voix lui grossit alors. Ses yeux deviennent étincelans; la couleur de son visage est vive; son humeur est gaïe; elle fait gloire de montrer sa gorge, qui s'enfle peu-à-peu, pour faire connoître qu'elle est en état d'être mise au rang des femmes: son sein s'est déja élevé jusqu'à la hauteur de deux travers de doigts, & son sang bouillonnant est prêt à sortir de ses vaisseaux. Elle donne même à sa mere des marques des feux secrets que la nature commence à allumer dans son sein; & comme les petites chaleurs & les légers emportemens lui sont alors fort naturels, ils doivent aussi faire connoître qu'elle a besoin d'être observée de fort près, pour ne pas manquer à la pudeur du sexe, & encor le plus souvent n'y réüssit-on guéres.

En vain de nos jeunes Coquettes,
On vous voit, meres inquiettes,
Conduire les yeux & les pas.

L'a-

L'amour a mille & mille appas :
Et pour furprendre un cœur, fait des rou-
    tes fecrettes,
Que vos foins ne connoiffent pas.

En éfet, c'eft alors que la femence
d'une fille mêlée parmi fon fang, ne le
fait pas feulement fermenter ; mais
qu'elle élève fa gorge, qu'elle lui
échaufe l'imagination, & lui infpire de
l'amour, pour fe perpétuer par le moïen de la génération.

4. C'eft affûrement par le défaut de
femence que *Phaufe* perdit fes régles à
la fleur de fon âge. Elle devint fi féche,
par la trifteffe qu'elle conçût de l'ab-
fence de fon mari, que fans doute fes
tefticules étant alors privez de leur
fonction ordinaire, & étant devenus étiques & defféchez, ne furent
plus en état de fournir à la maffe du
fang une matiére pour la faire boüillonner. Et parce qu'elle n'étoit plus
femme par l'épanchement de fes régles, elle perdit auffi fon tempérament
pour prendre celui d'un homme, fans
changer de fexe. On la vit toute ve-
luë, & fon menton tout garni de

poil, ainſi que le raporte *Hipocrate.*

5. Enfin s'il eſt vrai ce que nous raportent quelques Médecins, que les
femmes à qui on a coupé la matrice &
les teſticules, ont manqué des régles &
qu'elles manquent auſſi des mouvemens ou des éforts que la nature fait
de tems en tems pour ſe décharger de
ſon ſang ſuperflu ; on doit croire
qu'aïant perdu les principales parties
qui contribuoient à faire fermenter le
ſang dans leurs veines, elles ont auſſi
été privées de ces épanchemens périodiques. Car l'expérience nous aprend,
que ſi l'on arrache l'ovaire aux poules
elles ne font plus d'œufs ; & comme
cette partie dans l'oiſeau a du raport
aux teſticules des femmes, on ne peut
douter que par la perte de ces derniè-
res parties qui contribuoient à faire la
ſemence, elles ne perdent auſſi la puiſſance de ſe perpétuer, & en même-
tems d'être réputées parmi les femmes,
faute de l'écoulement périodique de
leurs régles.

Il eſt donc certain que la portion la
plus ſubtile de la ſemence des femmes,
ou

ou, fi l'on veut, des vapeurs féminaires,
font la principale caufe de leurs régles,
Que le tempérament, l'abondance du
fang, l'empire des aftres, & les autres
caufes que l'on aporte pour l'ordinaire fur cette matiére, n'en font que des
caufes fecondes & éloignées, qui contribuent à faire les régles plus ou moins
abondantes, & non à les faire paroître
plus ou moins fouvent.

La quantité du fang des régles ne doit
pas paffer 18. ou 20. onces. Cette
quantité n'eft pas toûjours égale·dans
toutes les femmes ; les unes perdent
peu en beaucoup de tems, & les autres beaucoup en peu de tems. Je fai
que Mademoifelle I...... n'a que douze jours libres dans un mois, fes régles
étant fi abondantes pendant dix - huit
jours, qu'elles peuvent être mifes au
nombre des chofes qui arrivent contre
les loix de la nature. Ainfi il n'y a rien
de déterminé, ni pour la quantité du
fang, ni pour le tems que les régles
doivent durer. La fanté, la maladie ,
le tempérament, la façon de vivre, les
emplois, le climat, la faifon, la tem-
péra-

pérature de l'air, & beaucoup d'autres
choſes, changent tout dans ces ſortes
d'évacuations.

****

ARTICLE VI.

Obſervations curieuſes ſur les divers tems
de la formation de l'homme.

Toutes les parties & toutes les humeurs ſont diſpoſées pour la génération d'un enfant dans l'un & dans
l'autre ſexe. Ce jeune homme eſt en état
de ſe joindre amoureuſement, & cette jeune fille ſent que la nature l'excite
à ſe perpétuer par le moïen de la génération. Dans la diſpoſition où elle eſt,
il faut peu de choſe pour un enfant, &
ſes parties amoureuſes ſont ſi diſpoſées
à le former, qu'elle concevra à la
moindre aproche d'un homme. On
pourroit comparer ces parties amoureuſes à un morceau d'ambre jaune
échaufée par le mouvement, qui atire
la paille auſſi-tôt qu'on la lui preſente.

La femme n'a donc pas plutôt reçû
la

la matiére de l'homme par cette amoureuse alliance, qu'elle la presse de toutes parts, pour la faire passer promptement dans l'un ou dans l'autre de ses
vaisseaux éjaculatoires, (*p*) afin que
s'y mêlant avec la sienne, elle y cause
la conception.

C'est donc dans l'un de ces conduits que les principes de notre corps
& de notre ame s'unissent & se mêlent
pour ne faire qu'un composé ; & c'est
aussi dans ce moment que Dieu, qui
fait tout ce que nous faisons, semble
s'être comme obligé d'y envoïer un
entendement, *qui*, selon la pensée de
*S. Grégoire de Nice, doit avoir soin de tous
les organes du corps, où il doit loger pour
régler ensuite les ocupations qu'il y doit faire, & les mœurs qu'il y doit suivre ; afin,*
ajoûte-il ailleurs, *qu'il n'ait pas un jour à
reprocher à Dieu d'avoir eu un corps &
une ame, qui n'auroient pas eu les dispositions nécessaires pour suivre ses précepies &
ses mouvemens intérieurs.*

Un homme qui a fait lui-même le
luth dont il doit joüer, n'a sujet de se
plaindre de personne, si son instrument

ment n'eſt pas d'acord dans toutes ſes
parties ; il étoit le maître de ſa matiére, & il pouvoit l'emploïer & la diſpoſer comme il le jugeoit à propos ; deſorte qu'il ne s'en prendra jamais qu'à
lui ſeul, s'il y a un défaut dans ſon luth,
ou un faux ſon dans ſon harmonie.

Mais parce que ce ſujet eſt de lui-même fort embroüillé & qu'il renferme des ſentimens nouveaux, j'ai réſolu de le partager en quatre articles,
où je ferai voir, autant qu'il me ſera
poſſible, les degrez dont la nature ſe
ſert pour nous former dans les entrailles de nos meres.

Parce que j'aurai beſoin dans la ſuire de ce diſcours du mot de *conception*,
pour exprimer ma penſée ſur le ſujet
que je traite, j'ai peur que l'eſprit du
Lecteur ne demeure ſouvent en ſuſpens dans la diverſe ſignification que
je lui donne, à moins que de l'en avertir auparavant. Quand je dis donc que
la *femme a conçû*, & que ſa *conception eſt
avantageuſe*, je prens alors ce terme
dans une ſignification active. Mais lors
que je dis, que *notre conception s'acomplit*

plit dans les cornes de la matrice de la
femme , & non dans sa matrice , ainsi
qu'on se l'est persuadé jusqu'ici ; ce
mot a alors une signification toute
oposée, & on le doit prendre passive-
ment.

****

Premier degré de la formation de l'homme.

IL me semble qu'il n'y a rien de plus
certain , que de dire que la conception est un mélange de la semence de
l'homme & de la femme, & qu'il n'y a
rien aussi de plus incertain ni de plus
caché que le lieu où cette conception
se fait.

On a cru jusques ici que la matrice
(†) étoit le lieu où nous commencions à être formez , parce que l'on a
presque toujours trouvé des enfans
dans sa cavité , & que l'on ne s'est pas
imaginé que la conception se pût faire
ailleurs. Car bien que l'on ait vû des
enfans dans les cornes de la matrice ,
(p) on a crû cependant que ce n'étoit
que contre les loix de la nature qu'ils
se

ſe formoient dans ces petits conduits ;
& l'on ne s'eſt pas perſuadé que c'é-
toit-là que la Providence, par ſes ordres ſecrets, avoit déterminé de leur
donner le commencement de la vie.
J'avouë que le ſentiment, qui établit
le lieu de la conception hors de la cavité de la matrice, eſt plein de dificultez, & que l'on a beſoin de raiſons &
d'expérience pour en être convaincu.

1. Puiſqu'après les embraſſemens
amoureux, on n'a jamais trouvé de ſemence dans la cavité de la matrice, au
lieu que l'on en trouve toujours dans
ſes cornes ; pourvû que la femme ſoit
ſaine & féconde, on m'avouera qu'il y
a lieu de croire que nous ſommes plûtôt formez dans ces petits conduits que
dans un autre lieu, puiſqu'il y a de la
matiére pour la génération.

En éfet, toute l'exactitude que j'ai
pû aporter en diſſéquant beaucoup de
chiennes, qui s'étoient depuis peu
acouplées, n'a ſervi qu'à me confirmer davantage dans l'opinion où je
ſuis ; ſavoir, qu'il en arrivoit de même
dans les femmes, & que la conception

ſe

fe faifoit plutôt dans les cornes , (*p*)
dans la trompe , ou dans les vaiffeaux
éjaculatoires de la matrice, ainfi qu'on
voudra les apeller, que dans la cavité
de cette partie.

2. Il n'y a point de fang qui paffe
plus vite dans les artéres, ni de chyle
qui fe diftribuë plus promptement dans
les vaiffeaux lactez , que la femence
du mâle s'infinuë dans la matrice des
animaux ; ce qui a fait croire à *Harvée*,
qui a éventré pour ce fujet un nombre
infini de biches , que la conception fe
faifoit d'une autre forte , qu'on ne s'é-
toit imaginé jufqu'alors. Il a crû , mais
d'une maniére particuliére, que parce
qu'il n'avoit rien rencontré ni de la femence du coq , ni de celle du cerf,
dans les parties fecretes de la poule &
de la biche, après s'être acouplées l'u-
ne & l'autre , il falloit que la femence
du mâle , ou n'eût pas entré dans les
lieux , ou fi elle y étoit entrée, qu'elle
en fut fortie, en y laiffant fon impreffion & fon caractére. Sur cela il a formé ce fentiment, que la génération fe
faifoit de la même forte qu'un homme

Tome II.   K   pefli-

peſtiféré communique ſon mal à un autre ; ſavoir, par le moïen de la conta-
gion ou de quelques eſprits inviſibles,
ou encor comme un fer, qui a touché
depuis peu une pierre d'aiman, atire
un autre fer par la vertu qui lui a été
communiquée ; ſi bien, ajoûte-t-il,
que la conception de l'enfant ſe fait ni
plus ni moins que celle de nos penſées.
Nos yeux voïent des objets, notre
mémoire en conſerve les idées, & notre ame en conçoit les conſéquences.
Tout de même on touche une femme
pour la rendre féconde, & elle ne conçoit pas, parce que la ſemence de
l'homme eſt preſentée à ſa matrice ;
mais parce qu'elle l'a touchée & lui a
communiqué ſa vertu. C'eſt ainſi, dit-
il, que le vingtiéme œuf d'une poule
eſt fecond, par l'impreſſion que la ſemence du coq a fait ſur le corps de la
poule, qui n'en a été touchée qu'une
ſeule fois.

Mais ſans m'arrêter à cette opinion,
qui me paroît trop métaphiſique dans
les ouvrages de la nature, continuons
à prouver que la véritable union de la
ſemen-

femence de l'homme & de la femme, que nous apellons *conception*, fe fait d'une autre maniére plus naturelle.

Nous obfervons tous les jours que les femmes font plus amoureufes, avant ou aprés leurs régles, qu'en tout autre tems : la nature leur donnant alors beaucoup plus d'envie de fe joindre, elles font auffi en ce tems-là beaucoup plus fujettes à concevoir.

Si le fétus fe formoit dans la cavité de la matrice, quelle aparence y a-t-il qu'il pût réfifter au flux des régles, qui doivent couler en abondance du fond de cette partie ? L'enfant à venir en feroit détruit ; & la matrice étant toute humeétée, ne fauroit le retenir ni l'empêcher d'en fortir avec le fang, & ainfi il ne fe feroit point alors de conception au commencement des régles, ce qui eft contraire à l'expérience. Il en arriveroit de même fur la fin des fleurs; car la matrice eft encor alors trop humide, pour pouvoir conferver le préfent qu'on lui a fait : elle le recevroit plûtôt 15. jours après; parce qu'étant plus féche, elle feroit plus difpofée à

prefpresser la semence qu'on lui auroit donnée.

Mais parce que l'expérience nous aprend que la conception qui se fait entre les régles n'arrivent pas si souvent que celle qui se fait immédiatement avant ou après, je suis obligé de croire que la conception se fait dans un autre lieu que dans la cavité de la matrice. Je n'en saurois trouver de plus propre à cet usage, que les cornes (*p*) de cette partie où souvent l'on a trouvé des enfans formez. Car au commencement & à la fin des régles, tous les vaisseaux de la matrice sont ouverts, ou pour se décharger (*efgh*) de l'abondance de leurs humeurs, ou pour recevoir (*f*) la semence qu'on leur présente.

C'est ainsi que le fétus peut éviter les désordres qui arrivent pour l'ordinaire au commencement de la grossesse, au lieu qu'il ne sauroit s'en garantir, s'il commençoit à se former dans la cavité de la matrice.

3. Les Anciens ont sçû, aussi-bien que nous, que la matrice des femmes n'avoit

n'avoit qu'une seule cavité : ils nous
ont pourtant laissé par écrit , que les
femmes grosses sentoient plus de douleur & de mouvement d'un côté que
de l'autre , ce qui se trouve encor aujourd'hui conforme à l'expérience. Car
les Médecins qui se sont apliquez à
connoître les éfets & les circonstances
de la grossesse , ont apris que les femmes sentent pour l'ordinaire plus de
mouvement d'un côté du ventre que
de l'autre. L'enfant commençant à
avoir un peu d'agitation , par le mouvement de son cœur & de ses petites
artéres , irrite le vaisseau éjaculatoire
(*p*) qu'il habite , afin qu'il se défasse ,
en faveur de la matrice , de ce qu'il
contient. Et parce que ce vaisseau n'a
pas assez d'espace pour élever un enfant qui a besoin alors d'un lieu plus
étendu & plus commode pour ses per-
fections , il s'en défait par son mouvement circulaire & le jette dans la cavité de la matrice. (†)

On a crû jusqu'au tems de *Fernel* ,
que la pierre se formoit dans la vessie,
où elle se trouve presque toûjours ;

K 3   mais

mais depuis que l'on a été défabufé de cette opinion, l'on croit, felon les expériences que l'on en a, que les reins lui donnent les premiers commencemens. Car les douleurs qui précédent la pierre de la veffie, nous font bien croire que c'eft dans les reins que la pierre a été d'abord formée. Tout de même, les petites douleurs & les mouvemens délicats & prefque imperceptibles, dont s'aperçoivent dans l'un ou dans l'autre de leurs côtez les femmes enceintes les plus fenfibles, me font conjecturer que l'enfant commence à fe former dans l'une ou dans l'autre des cornes de la matrice.

La fubftance de ces vaiffeaux, leur figure, leur action & leur ufage font fort convenables à cet emploi. Ils font d'un fentiment exquis, étant tout membraneux, & charnus, pour s'élargir & pour fentir les irritations du fétus ; leur figure eft fort propre à fe décharger de ce qu'ils contiennent : ils font prefque toûjours pleins de femence, & ont un mouvement par lequel ils fe défendent de ce qui les preffe &

de

de ce qui les incommode. Nous n'avons
que trop de preuves de leur mouvement dans les fuffocations de matrice,
& je puis affûrer avoir vû plufieurs fois
le mouvement de la matrice des chiennes que j'ai difféquées en vie, qui étoit
à peu près femblable à celui de nos
boïaux, que nous apellons périftal-
tiques.

Ce font donc les petits mouvemens
des cornes de la matrice, que les femmes groffes fentent d'un côté ou d'autre, qui nous font croire que l'enfant
y reçoit fes premiers traits.

4. Mais encor, comment eft·ce que
la conception fe pourroit quelquefois
faire après les grandes cicatrices que la
matrice a reçuës, fi elle ne fe faifoit
hors de fa cavité? Car nous favons, felon même le raport de *Rouffet* & de
Baunin, que quelques femmes ont conçû après qu'on leur a ouvert la matrice, ou qu'elles y ont foufert de grands
abcès. La matrice ne feroit point alors
en état de faire fes actions. Elle feroit
trop mal formée, & fes membranes
afoiblies & deffechées par les plaïes,

ne

ne pourroient fe comprimer & fe referrer pour la conception, au lieu que recevant de fes cornes l'enfant qui a été formé, elle n'a enfuite qu'à le contenir & le conferver jufqu'à fa derniére perfection.

5. D'ailleurs, pour confirmer ma penfée, je puis dire ce que l'expérience m'a apris fur cette matiére. Je connois quelques femmes qui ont toûjours acoûtumé de fe coucher fur le côté droit lors qu'elles dorment avec leurs maris; & c'eft auffi dans cette pofture qu'elles font careffées, & qu'elles conçoivent prefque toûjours des garçons. On ne fauroit donner d'autre raifon de ce qui arrive de la forte, que celle qui favorife mon fentiment. Car la femence de l'homme étant reçûë dans la matrice de la femme, fituée dans la pofture que nous avons marquée, ne péut tomber par fon propre poids que dans fa corne droite, où les garçons font le plus fouvent formez. C'eft une remarque qu'a fait *Rhafis*, auffi-bien que moi, lorfqu'il dit que les *femmes qui fe couchent ordinairement du côté droit,*

droit , ne font presque jamais de filles.

6. D'autre part , j'ai souvent observé , aussi-bien que *Fallope* , que la chair
de l'arriére-faix n'étoit jamais au milieu du fond de la matrice ; mais vers
l'un ou l'autre de ses côtez ; parce qu'a-
près un mois , ou environ , la boule où
est renfermé l'enfant , étant chassée du
lieu où elle est , s'atache à l'endroit de
la matrice le plus près de l'embouchure du vaisseau , d'où elle sort ; ce qui
n'arriveroit pas de la sorte , si la conception se faisoit dans la cavité de la
matrice , comme on le voit dans les *figures* 10. & 11.

7. Au reste , *Riolan* , un des plus cé-
lèbres Anatomistes de notre siécle , autorise mon opinion , lorsqu'il dit avoir
souvent trouvé des enfans formez dans
les cornes de la matrice. Et cet enfant
mort , qui étoit d'un pié de long , &
qui sortit du fond de la matrice de cette pauvre femme qu'*Harvée* vouloit
faire couper , ne sortit d'autre lieu que
de l'un de ses vaisseaux éjaculatoires.

8. Je trouve dans mes Mémoires ,
qu'il y a environ 23. ans qu'un vieux
Mé-

Médecin, apellé *Jean Critier*, perfonnage très-favant & très-fincére, me raconta à Paris une hiftoire, que M. *Mercier*, Médecin de Bourges, qui vivoit encor alors, lui avoit faite de cette forte. La femme de M. *Agard*, Lieutenant-Criminel de cette ville-là, de la fanté de laquelle ce dernier avoit le foin, devint groffe, & fe porta affez bien jufqu'au quatriéme mois, après-quoi elle foufrit des foibleffes & des douleurs extrêmes aux reins & dans le ventre, principalement du côté droit. Tout cela l'épuifa tellement, qu'elle mourut fans pouvoir fe délivrer. On l'ouvrit le 2. Janvier 1614. on trouva une fille longue de 7. pouces dans la corne droite de la matrice, la matrice étant alors dans fa figure & fituation ordinaire; fi bien qu'après cela on peut dire que la conception l'a fait ailleurs que dans la cavité de la matrice, & que le fétus étant déja affez grand & ne pouvant plus demeurer dans l'une de fes cornes, il faut qu'il en forte pour fe perfectionner ailleurs, ou que la mere en meure.

9. Je pourrois encor raporter ici
l'au-

l'autorité d'*Hipocrate*, qui dit, en parlant de la superfétation des femmes,
que fi *le fétus eft defcendu dans la matrice,
lorfque la femme engendre une feconde fois,
ce fecond fétus ne peut vivre, & la femme
en fait une fauffe-couche.*

La raifon en eft évidente; car comme
ce dernier fétus ne fe forme pas dans le
lieu que la nature a deftiné pour la conception des enfans, il ne peut auffi
trouver de quoi ailleurs, & pour fe
former & pour fe nourrir. *Ariftote* confirme cette opinion, & l'expérience
l'autorife; car nous voïons que les fécondes conceptions qui fe font dans le
premier mois de la groffeffe réüffiffent
pour l'ordinaire, que la femme nourrit l'un & l'autre de fes enfans, & qu'elle les met au monde comme s'ils
étoient conçûs dans le même moment.
Mais fi la fuperfétation arrive quelques
mois après les premiers fétus formez,
& après que les cornes de la matrice
font embaraffées & bouchées par des
humeurs, ou par l'enfant même qui
ocupe toute la cavité, ce qui arrive
pourtant fort rarement, le fecond enfant

fant né peut vivre ; ce que l'hiſtoire
que raporte *Ariſtote* ſur ce ſujet confirme clairement.

Après tout cela, l'on peut donc conclure que la conception ſe fait ſelon
les loix de la nature, dans les cornes
de la matrice & non dans ſa cavité.
Mais *Kerkringe*, *Warthon*, *de Graaf*, &
quelques autres Médecins modernes,
ſont d'un autre ſentiment, puiſqu'ils
ne peuvent croire que la conception
ſe faſſe ni dans la cavité de la matrice,
(*a*) comme l'ont crû les Anciens, ni
dans ſes cornes, (*b*) comme je le penſe : mais ils ſoutiennent qu'elle ſe fait
dans les teſticules des femmes, (*c*) leſquels ſont pleins d'œufs, (*d*) comme
eſt l'ovaire des oiſeaux : ſi bien que re-
nouvellant la penſée des Poëtes anciens, qui publioient qu'*Héléne* avoit
pris ſa naiſſance d'un œuf, ils s'imaginent pouvoir établir & prouver enſuite cette opinion, par des raiſons & par
des expériences ſuſiſantes.

Ils aſſûrent donc que les teſticules
des femmes (*c*) ſont de véritables ovai-
res où les hommes commencent à ſe
for-

former : Que les véficules, (*e*) dont
ces parties font compofées, font pleines d'une liqueur femblable au blanc
d'œuf, laquelle (*voïez la figure 6.*) felon le fentiment de tous les Anatomif-
tes, eft la femence de la femme. Que
cette femme étant renduë féconde par
les parties déliées & fpiritueufes de la
femence de l'homme, qui étant dardées
dans la matrice (*a*) fe fait paffage dans
les trompes (*b*) pour entrer enfuite
dans les tefticules de la femme , (*c*)
communique fa vertu prolifique à
l'œuf, ou aux œufs, (*d*) qui font les
plus près des membranes des tefticules, ou les plus difpofez à recevoir fon
impreffion féconde, quand il s'en engendre un ou deux fétus : Que l'une
des trompes (*b*) fe courbe alors, pour
communiquer à l'œuf, (*d*) qui eft dif-
pofé dans l'ovaire à recevoir ce qu'elle a reçû de la matrice : (*a*) Qu'en ce
tems-là ces mêmes trompes (*b*) demeurent quelque-tems comme colées
au tefticule , (*f*) pour y faire une impreffion de fécondité , ou pour recevoir l'œuf, (*d*) où l'homme commen-

ce déja à se former ; ce qui se fait dans
les lapines au troisiéme jour , & peut-
être dans les femmes quatre ou cinq
jours après leur conception , comme
le pense *Kerkringe :* Que les vésicules,
(*e*) d'un côté , les boules ou les œufs
(*d*) de l'autre , (c'est ainsi qu'ils les
apellent indiféremment) se grossissent
pendant quelque-tems dans le testicule, (*c*) & que l'envelope ou la vésicule
(*e*) qui contient la semence de la femme , & qui est une partie essentielle du
testicule, se grossit aussi & se fait glanduleuse, afin de conserver les esprits de
la semence de l'homme , qui sont les
agens de la créature à venir , & de fournir aussi à la boule des humeurs pour la
formation & pour l'entretien de l'homme à venir : Que cette même semence féconde (*d*) prend d'autres envelopes que la substance glanduleuse qui
l'envelope, (*e*) & que ces envelopes
sont le *Corion* & l'*Amnios* du fétus : Que
l'étui ou l'envelope glanduleuse (*e*)
s'ouvre , pour laisser couler par le
mammellon , (*g*) qui se forme sur les
membranes du testicule, l'œuf fécond,
(*d*) qui

(*d*) qui entre dans la trompe (*b*) par la propre vertu du testicule, ou par sa propre disposition : Que pour cela la trompe (*b*) embrasse étroitement avec sa frange (*b*) une grande partie du testicule : (*c*) Qu'ensuite cet œuf fécond (*d*) étant tombé dans la trompe, (*b*) tombe aussi dans la cavité de la matrice, (*a*) où il se meurit, pour ainsi dire, & devient un fétus parfait : Qu'enfin l'œuf fécond est distingué des Hydatiques, qui sont plusieurs petites boules, qui se tiennent par leur queuë à leur grape de chair, comme les grains de raisins sont atachez par leur grape de bois, ainsi que le marque la *figure* 7. qui est au chapitre des fardeaux & des faux-germes ; au lieu que les œufs féconds (*d*) où le fétus se forme, manquent d'atache, & descendent ordinairement seuls du testicule (*c*) dans les cornes (*b*) & puis dans la cavité de la matrice. (*a*)

Cela étant donc ainsi établi, ils concluent que le fétus prend son origine dans le testicule de la femme, & non dans ses cornes ni dans la cavité de la matrice.   L 2   Cet-

Cette opinion renferme, ce me semble, beaucoup plus de dificulté que
celle des Anciens que nous avons exa-
minée, & réfutée ensuite ; car elle soûtient tant de choses qui me semblent
impossibles, & qui ne peuvent être
bien expliquées par ceux-mêmes qui
la soûtiennent, que je ne m'étonne pas
s'il y a aujourd'hui si peu de Médecins qui aïent embrassé ce parti.

1. En éfet, peut-on concevoir que
la trompe (*b*) se courbe en (*f*) & fasse obéïr le ligament large, (*i*) sans que
la femme sente son mouvement & son
pli qui ne se peut faire sans douleur, &
le testicule (*c*) qui est ataché à ce ligament & qui flote dans la cavité du
ventre, peut-il être si stable, qu'il demeure toujours dans sa situation, &
qu'il atende la jonction de la trompe
(*b b*) pour recevoir l'impression génitale de la semence du mâle qui y est
renfermée ? En vérité ; on fait faire ces
mouvemens à ces parties-là, pour
apuïer le sentiment où l'on est & pour
flâter sa prévention.

2. D'ailleurs, qu'ils fassent la semence

ce de l'homme fi déliée & fi fpiritueufe qu'ils voudront , peut - elle entrer
dans les tefticules (*c*) par les pores de
deux fortés membranes dont il eſt re-
vétu ? Et où montreront-ils une femblable démarche que fait la nature dans
le corps d'une femme ? Les efprits
animaux qui font imperceptibles ont
des conduits par où ils paffent , & la femence de l'homme qui eſt plus groffiére n'en aura pas ?

3. D'autre part , comment fe peut-il
faire que l'œuf, (*d*) rendu fécond &
animé , qui eſt alors gros comme un
pois verd , puiffe fe faire paffage à travers les envelopes glanduleufes (*e*) &
à travers les deux membranes du tefticule de la femme , pour entrer dans la
trompe (*b*) par la jonction , (*f*) fans
que la femme en reffente rien ? Ces
membranes font-elles moins fenfibles
que celles du refte du corps ? & fi la
membrane eſt un nerf aplati, comme le
penfe *Galien* , peut-elle fe rompre fans
douleur ? De plus , le mammelon (*g*)
que *Graaf* a inventé , fe rencontre-t-il
dans toutes les femmes, comme il nous

L 3   l'afful'aſſûre ? & n'y a-t-il pas lieu de croire qu'il l'invente à plaiſir pour couvrir l'a- veuglement où il eſt ?

4. Au reſte , cette ſolution de conti- nuité , eſt-elle ſelon les loix de la natu- re qui en a tant d'horreur ? Et a-t-on vû quelquefois dans la femme pareilles choſes ? J'avouë qu'on a remarqué des parties ſe dilater d'une maniére ex- traordinaire , comme fait le pas de la pudeur dans l'acouchement ; mais on n'a jamais obſervé aucune partie ſe rompre & s'ouvrir ſelon les loix de la nature , à moins que ce ne ſoit pour fi- nir une maladie, comme dans les abcès.

5. En un mot , peut-il ſe faire une plaïe ſans un épanchement de ſang ? & ce ſang extravaſé & hors de ſes vaiſ- ſeaux , ſe peut-il conſerver ſans ſe cor- rompre & ſans que la femme s'en aperçoive ?

6. La plaïe que la boule aura faite en ſortant du teſticule , & l'ulcére qui s'en enſuivra , peuvent-ils ſe conſoli- ner & ſe cicatriſer dans une partie ſpermatique , comme ſont les parties du teſticule de la femme, (*c*) ſans que

la

la femme en ressente de la douleur ?

7. Enfin le testicule a-t-il un mouvement sensible ou insensible pour se défaire de l'œuf qu'il contient ? Et cette vertu expultrice , que *Graaf* a imaginée , peut-elle jetter l'œuf dehors par sa propre disposition , comme si c'étoit un excrément facheux ?

Toutes ces dificultez m'ont contraint d'abandonner ce parti, & m'ont fait dire en moi-même ; comment y a-t-il des personnes de bon sens qui peuvent l'embrasser ? Cependant, comme il arrive quelquefois dans l'homme des actions dont nous ne connoissons pas les causes ; celle-ci pourroit bien être de ce nombre-là ; car s'il est vrai, ce que l'on vient de m'assûrer, que M. *de Verny* , *Anatomiste du Roi*, fit voir à Paris en 1691. un testicule de femme, qui contenoit une espéce de tête , dans laquelle on remarquoit la fente d'un œil avec deux paupiéres garnies de glandes ciliaires , & d'une espéce de sourcil orné de poil, qui étoit au - dessus, un front d'où sortoit un toupet de cheveux , avec une éminence garnie de trois

trois dents molaires, difpofées en trian-
gle, de la groffeur de celles d'un enfant
de quatre ans ; trois autres dents dans
la face antérieure de ce monftre, & à
la poftérieure cinq autres ; favoir, trois
incifives & deux petites molaires ; fi
cette hiftoire eft, dis-je, véritable,
comme plufieurs perfonnes me l'affû-
rent, nous pourrions dans cette ocafion fufpendre notre fentiment, jufqu'à
ce que la curiofité & le travail des Ana-
tomiftes nous pût faire voir quelqu'autre formation de fétus dans le tefticule
d'une femme. Car comme un fentiment ne peut folidement être apuïé
dans la Médecine fur une feule expérience, qui fouvent eft un jeu de la nature, il faut atendre que l'on nous ait
fait voir quelqu'autre chofe de réel
dans la même partie, pour être perfuadé que l'homme y prend fes principes & qu'il commence à s'y former.

La conception n'eft pas plutôt faite,
que Dieu, par les ordres qu'il a lui-même établis, crée un entendement humain, pour le placer dans le petit
corps qui commence à fe former. Cet
en-

éntendement y eſt envoïé en qualité d'Ambaſſadeur, qui doit un jour rendre compte de ſa négociation, & qui doit repreſenter par tout où il ſe trouve le caractére du Maître qui l'envoïe.

Cet entendement ſe mêle avec l'ame, ou plutôt ſe joint ou s'unit à ſa ſubſtance, & ce qui nous ſurprend encor plus, aux eſprits & au corps de l'homme, pour ne faire enſuite qu'un homme animé d'une ſeule forme.

Il ſeroit dificile de s'imaginer comment ſe joignent ces ſubſtances ſi éloignées entr'elles, ſi l'expérience ne nous en convainquoit à tout moment. Car ſi mourir eſt la déſunion de ces parties, vivre ſera aſſurément l'union & la ſociété de ces mêmes ſubſtances.

Si j'étois obligé de prouver ici des quatre parties qui nous compoſent: entre toutes les preuves que je pourrois choiſir, je n'en ſaurois trouver de meilleure que celle que me fournit *S. Grégoire de Nice*, lorſqu'il dit, que *puiſque Dieu, qui eſt un être infini, s'eſt mêlé & s'eſt uni ſans confuſion toutefois à l'ame & au corps de Jeſus-Chriſt, qui eſt une créature,*

nous

nous pouvons croire que notre entendement peut se joindre à notre ame & à notre corps par des decrets d'enhaut ; desorte que de ces deux premières substances, il ne s'en fasse qu'une seule forme dont nous soïons animez.

La semence de l'homme étant donc entrée dans l'une des cornes de la matrice, fait enfler la semence de la femme & lui sert comme de levain pour la production d'un enfant. Une des causes de la prompte distribution, est une matière séreuse & spermatique, qui se trouve dans la matrice d'une femme féconde & qui se mêle avec elle pour lui servir de vésicule. Cette matière vient des vaisseaux & des glandes de la matrice & de son col, par l'expression de ces parties, par la foule des esprits qui s'y portent, par le plaisir & le chatouillement que la femme y ressent. L'activité de l'ame de la semence de l'homme, & l'abondance de ses esprits, ne contribuent pas peu à l'y faire entrer précipitament. La petite valvule (*f*) *figure* 5. 9. & 11. qui est à l'embouchure du vaisseau éjaculatoire (*h*) *figure* 6. favorise aussi l'entrée de cette

même

même matiére. Elle eſt lâche avant &
après les régles, pour faciliter la conception qui ſe fait en ce tems-là plutôt
que dans un autre. La membrane interne de ces vaiſſeaux a tant de replis,
& le conduit qu'elle forme a l'embouchure ſi étroite, qu'il n'y a pas lieu de
craindre que ce qui y eſt une fois entré en puiſſe ſortir que dans ſon tems.

Il ſeroit bon de remarquer ici ce que
nous avons obſervé ailleurs, que les
cornes de la matrice d'une femme
avoient 3. ou 4. petites cellules, (*p*)
figure 5. qui ſervoient comme de forme
ou de meſure à la ſemence de la femme
& à la matrice de chaque enfant ; c'eſt
pour cela que quelques Juriſconſultes
ont crû que la matrice de la femme
avoit ſept cellules, prenant la cavité de
la matrice pour une ſeptiéme. La matiére qui forme la ſemence de la femme, vient peu-à-peu des teſticules, &
eſt filtrée au travers de la ſubſtance nerveuſe des vaiſſeaux éjaculatoires, (*k*)
figure 6. Cet excrément des teſticules
tombant peu-à-peu dans les cavitez
de ces vaiſſeaux, prend la figure de la
cellu-

cellule qui le reçoit, & la chaleur naturelle qui agit inceſſament ſur tout ce
qui eſt dans le corps, agiſſant auſſi ſur
cette ſemence , produit tout autour
une petite peau mince & délicate, qui
forme une boule ; quand cette boule
ou cet œuf a été rendu ſécond par la
ſemence du mâle. Cette membrane
n'eſt pas ſi ferme , ni ſi dure dans le lieu
que la boule a reçû la derniére goute
de ſemence, qu'elle eſt ferme ailleurs ;
& c'eſt par-là que la ſemence de l'homme ſe communique à celle de la femme , comme la ſemence du coq ſe
communique à l'œuf de la poule par la
tache du jaune, & que l'humeur de la
terre ſe filtre dans la ſemence d'une
plante par ſon germe. J'ai remarqué
dans un œuf de poule couvé, qu'après
le premier jour, l'ongle du jaune, la
cicatrice, ou le petit point blanc, ainſi
qu'on voudra l'apeller , qui eſt envi-
ronné d'un cercle jaune obſcur, étoit
beaucoup plus grand qu'il n'étoit avant
que d'avoir été couvé. Le 2. & 3. jour,
la tache s'étant augmentée preſque de
deux fois autant, j'ai jugé que l'ame du
pou-

poulet résidoit dans cette partie ; que c'étoit par-là que la semence du coq étoit entrée dans l'œuf, & que le cœur s'y vouloit former, puisque j'y remarquois un si prompt changement.

C'est donc à un petit point de la semence de la femme, s'il m'est permis de comparer les bêtes aux femmes, que se communique l'ame de l'homme avec toute la matiére qui la porte : ce qui arrive au même instant que la conception s'acomplit ; & c'est aussi alors, ainsi que nous l'avons dit ailleurs, que l'entendement y paroît pour disposer toutes les parties à obéïr ensuite à ses ordres.

Comme les fruits joüissent de la même ame que les arbres auxquels ils sont atachez, & qu'en étant désunis, ils portent dans leurs semences des principes semblables à ceux qui ont formé les arbres dont ils ont été détachez ; ainsi la boule de la semence de la femme étant attachée au vaisseau éjaculatoire, jouit alors de la même ame que la femme ; mais dès que cette boule a été renduë féconde par la semence de

l'homl'homme qui s'y eſt mêlée, alors elle a un principe indépendant & une ame particuliére.

Ce qui me fait croire que cela eſt de la ſorte; c'eſt ce que je vis la nuit du 23. Janvier 1680. que Mademoiſelle L. après de preſſantes tranchées, rendit environ 200. boules ou petits œufs ſans coquille. (*a*) Et c'eſt ce que quelques Anatomiſtes modernes ont apellé fort improprement, *Hydatides*. (*a*) Chaque boule étoit atachée par ſa petite queuë, (*b*) qui tenoit à des fibres charnuës, tiſſuës & entrelaſſées enſemble. La moitié des boules étoient groſſes comme le bout du doigt, (*a*) & l'autre moitié comme de petits pois. (*c*) Elles étoient toutes tranſparentes, & la membrane qui les couvroit étoit aſſez dure. L'humeur qui y étoit contenuë étoit claire & en quelque façon gluante. Elle étoit un peu ſalée & âpre au goût; & je ne doute pas que ce ne ſoient de pareilles boules qui ocupent ordinairement les cornes de la matrice, quand elles ſont prolifiques. Comme celles-ci n'avoient pas
été:

été renduës fécondes par la bonne femence de fon mari, & que les vaiffeaux éjaculatoires les avoient rejetées
comme inutiles ; c'eft de-là fans doute qu'étoit venu ce faux-germe, comme on le voit dans les *figures 6. & 7.*

Les femences de l'homme & de la
femme étant mêlées, fe communiquent l'une à l'autre leurs qualitez réciproques. Le peu d'âpreté de celle de
l'homme, avec fon odeur vireufe &
fulfurée, pénétre toutes les parties de
la femence de la femme & en fait mouvoir tous les petits corps. Et la femence de la femme étant d'une fubftance
un peu vifqueufe & d'une qualité un
peu âpre, n'obéït pas fi-tôt à la pénétration des qualitez de celle de l'homme. Ainfi l'action eft lente, & les mouvemens de toute la matiére enflée en
font languiffans: fi bien que l'on ne peut
remarquer aucune chofe dans la formation du fétus avant le neuf ou le
dixiéme jour, ou pour mieux dire avant
le quatorze, après lequel on peut obferver les veffies tranfparentes *(d)* &
enfuite la goute de fang & le point

fail-

faillant, qui par fon mouvement donne des marques affûrées de vie. Si bien que ceux qui nous ont affuré avoir découvert quelque chofe au fixiéme ou au huitiéme jour après la formation du fétus, nous ont voulu affurément furprendre.

Mais avant que de paffer outre, découvrons la maniére dont la nature fe fert pour faire fermenter les deux femences unies : car puifqu'on demeure d'acord que nous ne vivons que par la fermentation, il faut auffi que ce foit par fon moïen que nous commencions à être formez.

Nous favons que le levain a deux fortes de fubftances : la plus groffiére devient de même nature que la matiére avec laquelle on la mêle, & la plus fubtile fait lever cette même matiére par fa pénétration & par l'agitation qu'elle excite dans les corps diférens de toute la maffe. Ainfi la partie la plus terreftre & la plus vifqueufe de la femence de l'homme, fert en partie à compofer les parties fpermatiques de l'enfant, & la plus fpiritueufe eft emploïée auffi en

par-

Fig. 11.

v

v

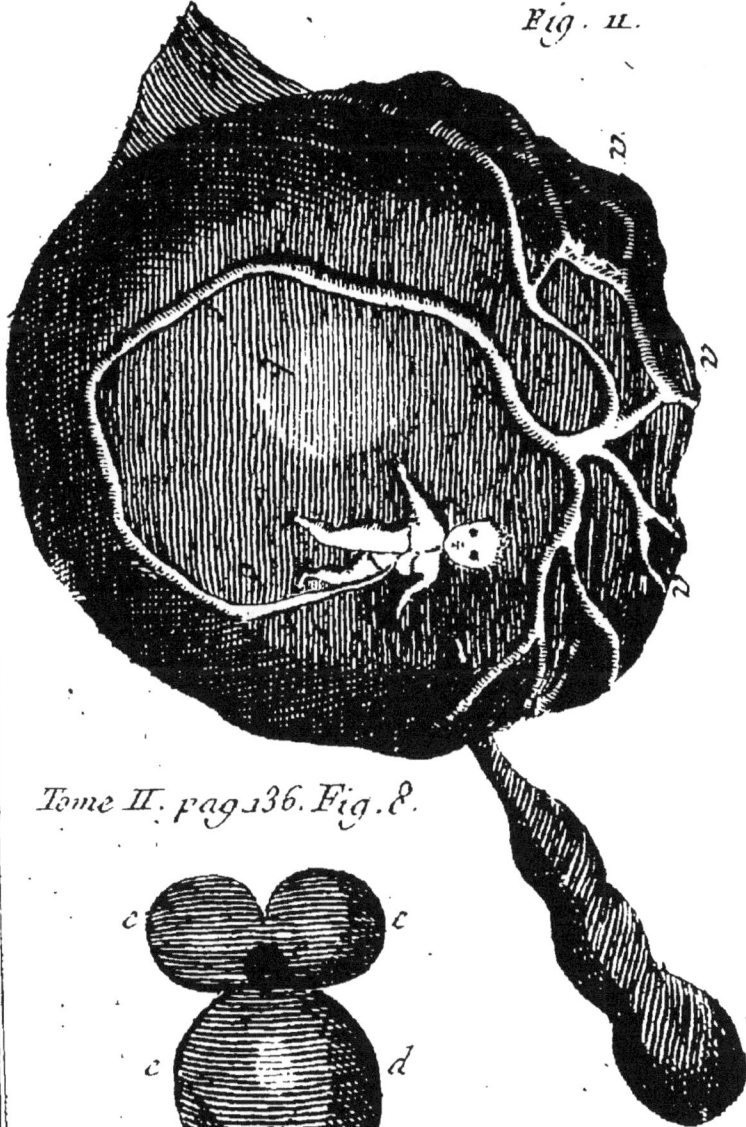

Tome II. pag.136. Fig. 8.

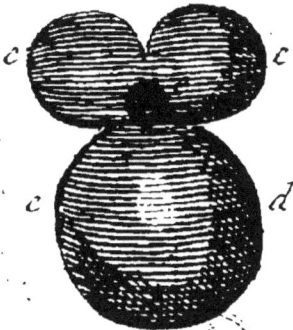

partie à produire les efprits & l'ame
de ce même enfant. Ce qu'elle fait par
la fermentation qu'elle feule caufe
dans toute la matiére qui le compofe.

Plus le levain a des parties fubtiles &
pénétrantes, & plus la matiére fur laquelle il agit eft fouple & aifée à ménager, plus auffi il avance fon action, témoin les garçons qui font plutôt formez que les filles, & les pigeons mâles
qui naiffent le plus fouvent avant les
femelles, la matiére dont ils font faits
aïant plus de chaleurs & d'efprits.

La femence de l'homme fermente
donc peu-à-peu toute la maffe de la
boule, en précipitant toutes les parties les plus groffiéres, & en élevant
les plus agitées & les plus fpiritueufes.
Son odeur virulente la diffout & en
ouvre la matiére, la fulfurée la précipite, & la qualité âpre de la femence
de la femme la raffemble & l'endurcit
fi bien, qu'au bout de dix ou de douze
jours, il fe fait dans la partie inférieure
de la boule une goute d'eau tranfpa-
rente & claire comme un criftal fondu,
(*d*) qui eft l'élixir & l'extrait des ef-

M 3   prits

prits de l'homme & de la femme.

Cette petite ampoule d'eau (*d*) se divise ordinairement en deux, & quelquefois en trois parties, si nous en cröions *Cognatus* & *Félix Platérus*. Le dernier dit avoir vû une femme qui faisoit presque tous les ans de fausses-couches, & qui rendit un jour une boule ronde & blanche de la grosseur d'une noisette, & qui étoit couverte d'une petite peau mince que l'on pourroit apeller *Amnios*, & qui renfermoit trois véficules transparentes, (*c*) dont l'inférieure étoit la plus pâle. (*d*)

C'est dans cette humeur diaphane & criftaline que l'ame se place, pour obéïr de-là aux ordres supérieurs de l'entendement, qui n'ocupe point de lieu, & qui est cependant par tout ce petit corps, pour disposer ses organes de la maniére qu'il le veut. Dans la partie inférieure de cette boule, où ce Médecin remarqua la véficule la plus pâle, est placée la matiére la plus pefante des parties spiritueufes des deux femences. Elle sert à former le
cer-

cerveau, qui eſt la partie dans les enfans la plus grande, la plus peſante &
la plus froide ; auſſi obſervons - nous
que la tête des enfans qui ſont dans
les entrailles de leurs meres eſt toûjours en bas, lorſqu'elle eſt ſituée ſelon
les loix de la nature.

En éfet, on aperçoit une goute d'eau
tranſparente qui ſe forme au commencement du troiſiéme jour dans un œuf
de poule couvé, & je ne doute pas
que ce ne ſoit là que le cœur ſe place,
pour faire enſuite tous les organes qui
peuvent ſervir à ſon mouvement.

Ce petit corps qui ſe forme dans les
entrailles de ſa mere, eſt déja comme
un enfant émancipé qui n'a beſoin
d'aucune autre conduite que de la ſien-
ne propre, pour mettre toutes ſes parties en ordre & pour les placer où elles
doivent être. Cependant la nature qui
prévoit les beſoins de cet embrion,
enfle le conduit où il ſe forme, & tire
peu-à-peu des teſticules & de quelques petits vaiſſeaux nerveux qui ſe
gliſſent de la matrice aux cornes, les
alimens qui lui ſont néceſſaires. Elle
en

en fait de même de l'autre côté. Elle
envoïe de la matrice à la corne vuide,
aussi-bien qu'à celle qui est pleine. Et
ainsi ces vaisseaux éjaculatoires s'enflent tous deux presqu'également, &
j'en ai vû qui étoient aussi gros que l'un
de mes doigts.

Vers le 14. jour après la conception,
plus ou moins, selon la chaleur de la
matrice, l'abondance des esprits, la
vivacité de l'ame, la diversité du sexe,
la disposition du tems & de la saison, &
enfin le tempérament de la femme &
de la matrice même, il naît dans l'une
des ampoules transparentes, un point
rouge ou une goute de sang, (e) qui
s'agite d'elle-même : & je ne doute
point que ce ne soient les petites oreilles du cœur, ou le cœur même, qui
par ses premiers mouvemens de dilata-
tion & de resserrement, veut se fabriquer des organes, pour donner la vie
au petit enfant qui commence à se former. Car, comme c'est à l'entendement à placer toutes les parties en leur
lieu, après leur avoir donné à chacune
une figure convenable, c'est aussi au

cœur

cœur à les perfectionner & à les nourir.

J'avouë que je fuis en peine de dire fi le fang eft formé avant le cœur, ou le cœur avant le fang ; mais, quoiqu'il en foit, je fuis pourtant perfuadé que l'inftrument doit être fait le dernier, puifque l'entendement n'entreprend l'ouvrage du cœur que pour contenir le fang, pour diftribuer les humeurs, & pour communiquer la chaleur & la vie à toutes les parties les plus éloignées du corps. Mais parce que la fermentation a donné l'être à ce petit corps, il eft auffi raifonnable que la fermentation le perfectionne, par le moïen de l'ébulition qui fe fait inceffament dans fon cœur.

Ceux qui ont examiné après le troifiéme jour un œuf de poule couvé, auront obfervé, auffi - bien que moi, qu'auprès de la cicatrice, où s'étoient formé les trois véficules claires comme l'eau coulante d'un rocher, il paroît une goute de fang, que l'on apelle fort à propos le point faillant, (*e*) puifqu'il a des mouvemens réglez, & qu'il fe refferre & s'élargit comme le cœur.

Cette

Cette partie de l'animal, qui se forme la première dans le blanc de l'œuf auprès de la cicatrice par l'industrie de l'ame qui y réside, est celle qui doit ensuite travailler à la perfection du poulet.

Cette goute de sang qui paroît quatorze jours après notre conception, est une partie principale de notre corps, l'organe de toutes les opérations de l'ame, l'origine des esprits, la source des parties sanguines, le siége de la chaleur naturelle, le trône de l'humide radical, par lequel nous vivons: en un mot, l'extrait de l'ame de nos parens, & une chose qui a du raport à l'huile que nous tirons des semences des plantes.

****

Second degré de la formation de l'homme.

LA boule animée demeure encor dans le lieu où la nature l'a d'abord placée. Elle ne s'enfle guéres, parce qu'elle ne reçoit presque point d'humeur qui puisse abondamment se

com-

communiquer au petit projet qui s'y
forme. L'entendement qui y eſt renfermé eſt alors ocupé à bâtir un domicile
pour ſa demeure ; il a aſſez de matiére
chez lui , ſans en recevoir d'ailleurs ,
pour commencer toutes les parties
qui lui ſont néceſſaires. Il a déja ménagé ce qu'il y avoit de plus ſpiritueux,
dont il a fait comme une matiére de
verre fondu , où il a placé le point ſail-
lant , (*e*) *figure* 8. Il prétend de ce point
diſtribuer la matiére & les eſprits, pour
former & nourrir les parties principales qui doivent être fabriquées les
premiéres.

Il ne faut pas s'étonner ſi de la plus
pure portion des deux ſemences unies
il ſe forme une goute de ſang. Des
changemens ſemblables ne ſont pas
extraordinaires dans la nature, ni au-
deſſus de ſes forces ; car ſi les ſemences de nos parens viennent de la plus
pure portion de leur ſang , quelle dificulté y a-t-il de croire qu'elles ne puiſſent encor retourner en une ſubſtance
pareille ? Les alimens, de quelque couleur qu'ils ſoient , ſe changent dans
l'eſ-

l'eſtomac en une matiére blanche, &
l'artifice nous fait voir tous les jours du
blanc ſe changer en rouge, du rouge
en blanc, par le mélange de diverſes
liqueurs ; ſi bien qu'après cela on ne
doit pas s'étonner, ſi avec du blanc,
l'ame, ou plutôt l'entendement, fait
du rouge, & ſi de la ſemence de nos
parens, il ſe forme du ſang & des humeurs rouges.

Le vingtiéme jour, la génération
s'avance d'une maniére ſurprenante.
Alors le cœur bat plus fort qu'auparavant, & s'agitant avec force pour
obéïr au maître qui le commande, il
commence à fraper doucement le vaiſſeau, (*b*) *figure* 6. où il eſt renfermé &
à l'irriter par ſes battemens. Ce conduit qui en ſent l'agitation, commence auſſi à en être émû, & à faire de petits mouvemens périſtaltiques & ſerpentins, pour ſe décharger en faveur
de la matrice du riche dépôt que la nature lui a confié.

Cependant le cœur ſemble alors être
partagé en deux parties, qui repreſen-
tent, ou ſes petites oreilles ou ſes ven-
tricu-

tricules. Il fe meut fans cefle , par les efprits & par la fermentation de fon fang : & comme l'ame perfectionne le cœur de fon côté , le cœur darde auffi du fien par fes mouvemens réïtérez un peu de fang dans les petits conduits, qu'il forme à mefure qu'il pouffe avec force l'humeur de fes petites cavitez : tellement que l'on aperçoit alors deux petits fils rouges fortir du point faillant, qui fe produifent & s'allongent enfuite avec le tems.

Au-deflous du cœur , on voit toujours une autre petite veffie un peu pâle de couleur de corne , comme l'a remarqué *Cognatus*, qui croit plus que le refte ; & je ne fais aucun doute , ainfi que je l'ai remarqué ailleurs , que ce ne foit le cerveau , qui n'eft d'abord fait que pour le cœur , felon la penfée d'*Ariftote* , & qui doit auffi de fon côté travailler à la formation des parties fpermatiques , comme le cœur fait du fien à la fabrique des fanguines , (*d*) *figure* 8.

Le fang avec l'entendement fait toutes chofes dans la formation d'un enfant ; & fi dans les premiers mois de la génération , il nous eſt impoſſible d'apercevoir du ſang , qui vienne des artéres de la mere pour la nourriture de l'enfant , cette humeur blanche , ſpermatiqne & nerveuſe qui y eſt inceſſament portée , ne laiſſe pas pourtant de le nourrir & de venir de la pure portion du ſang de la femme. Le ſang eſt fait de deux ſortes de matiéres ; l'une eſt cuite , & l'autre eſt cruë. Celle-ci n'eſt autre choſe que le chyle , qui n'eſt pas encor ſang & qui pourtant eſt ami de la nature. Cette derniére humeur eſt la matiére , qui eſt ſi abondante dans la femme groſſe ou acouchée , & qui ſert à nourir ſon enfant : car cette matiére ſe filtre par des pores qui lui ſont propres , & ſert enſuite à nourir & faire croître l'enfant. Outre que la ſemence de l'homme, qui a communiqué ſa vertu fermentative à toute la maſſe du ſang de la femme , a rendu liquide & comme fondu, pour ainſi dire , une partie de ſon ſang , pour ſervir aux mêmes uſages.

Les cornes de la matrice ſe rempliſ-

pliffent l'une & l'autre de cette femence , pour fournir à l'embrion l'aliment
qui lui eft alors plus convenable. Celle
qui eft vuide en eft toute remplie , &
l'autre qui conferve le précieux tréfor
de la nature en eft auffi garni au côté
de la frange , fans que cette humeur en
puiffe fortir. Elle s'y épaiffit , & s'y em-
baraffe tellement parmi les fibres , qui
y font en grand nombre , que l'extrê-
mité de ces deux vaiffeaux en eft entiérement bouchée.

La boule croît chaque jour d'une façon étonnante ; & comme les femences jettées en terre s'enflent & fe nou-
riffent par l'humeur qui pénétre leurs
membranes , ainfi la plus fubtile portion de la femence de la femme qui
touche la boule , fe fait paffage en forme de fueur à travers la petite membrane qui la compofe , afin de fubve-
nir à fes néceffitez. C'eft ainfi enfin que
le petit œuf de poule fe groffit en defcendant de l'ovaire , fans qu'il foit ataché à aucune des parties de la poule ,
ainfi que l'expérience nous le fait voir.

Le vingt-cinquiéme jour, tout s'a-

an-

vance encor plus. L'on aperçoit déja
le commencement du poulmon & du
foïe qui naissent à l'extrémité des veines ou des artéres, car il n'est pas aisé
en ce tems-là de dire, quels vaisseaux
font ceux que l'on voit, à cause qu'ils
font privez de mouvement. S'il le faut
pourtant conjecturer, je pense que ce
font plutôt des artéres que des veines.
Le poulmon & le foïe naissent donc à
l'extrémité des vaisseaux, comme l'*A-
garic* fait la *Mélaïse.* Ils paroissent d'a-
bord blanchâtres, par la disposition
des fibres que l'entendement a fabriquées, & puis rougeâtres par l'arro-
sement du sang du cœur.

Bien que l'humeur rouge du cœur
croisse de jour en jour, elle n'a pourtant point d'autre matiére pour se mul-
tiplier, qu'une partie délicate de la semence, qui est conservée entre ses
membranes, & qui coule des testicules de la femme, ainsi que nous l'avons
observé.

On voit clairement par les démarches de la nature, qu'il se fait du sang
avant le poulmon & le foïe; qu'il y a du
mou=

mouvement avant que le cerveau soit formé , & que le corps se nourrit & s'augmente avant que l'estomac soit en état de faire un chyle , & les boïaux de le distribuer. On voit même alors des excrémens de la seconde coction , & le foïe ne commence pas plûtôt à se faire, que l'on y aperçoit une petite vessie de fiel distinguée par sa couleur verte.

En ce tems-là la matrice est encor vuide dans quantité de femmes, (*a*) & les régles qui coulent souvent à quelques jeunes personnes sanguines & pléthoriques , pendant les premiéres semaines de leur grosse , ne troublent point alors la génération qui se fait ailleurs. Les vaisseaux du fond de la matrice & ceux de son col , donnent pour l'ordinaire du sang en plus grande abondance qu'ils n'avoient acoûtumé ; & si cela n'arrive point ainsi , ces femmes en font plus malades , & on les doit quelquefois saigner , de peur que le sang qui séjourne autour de leurs parties naturelles , ne cause quelque désordre & à la mere & à l'enfant , ou que la matrice en l'humectant trop, ne

N 3   puis-

puiſſe plus être capable de recevoir le
préſent que ces vaiſſeaux ſont ſur le
point de lui faire.

Le vingt-neuviéme jour, le cerveau
s'augmente conſidérablement, & ſon
eau claire paroît plus abondante qu'auparavant. Le poulmon eſt manifeſte,
le foïe eſt preſque fait, la rate eſt ſur le
point d'être formée, & les reins commencent à paroître ; mais toutes ces
parties ſanguines ne ſont pas tout-à-
fait rouges. L'épine du dos & les côtes
reſſemblent à de petits fibres. Enfin
tout ſe perfectionne avec une prom-
ptitude ſurprenante. Le cœur, qui n'eſt
pas plus rouge que les autres parties
ſanguines, a maintenant ſes mouvemens plus forts & plus réglez. Il frape
& s'agite avec tant de force, que les
vaiſſeaux éjaculatoires augmentent
auſſi de leur côté leurs mouvemens
ſerpentins.

L'enfant (*b*) qui eſt renfermé dans
la boule animée, croît de telle ſorte,
qu'il preſſe fortement le lieu où il eſt:
(*c*) En effet, il a beſoin alors d'un plus
grand eſpace, pour avoir la liberté de
ſe

fe perfectionner & de chercher de la nourriture, qu'il ne trouve pas fufifamment où il eft.

Enfin c'eft en ce tems-là que quelques femmes groffes, des plus fenfibles fentent comme le mouvement d'une, fourmi dans l'un ou dans l'autre de leurs flancs. Mademoifelle C.... qui a beaucoup d'enfans, a toujours fenti le trente ou le trente-deuziéme jour de fa groffeffe, le mouvement de l'enfant qu'elle avoit conçu. Cela arrive par la fortie de la boule animée & par le mouvement de l'un des vaiffeaux éjaculatoires (*c*) qui s'en défait. On peut connoître par-là fi ce que porte une femme dans fes entrailles eft un garçon ou une fille. Le premier, étant ordinairement du côté droit, eft plutôt formé que l'autre, qui demeure le plus fouvent dans les conduits de la matrice, jufqu'au quarante ou au quarantedeuziéme jour.

❦❧❦❧ ❖ ❦❧ , ❦❧ ❦❧ ❖ ❦❧ ❦❧

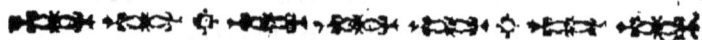

Troisiéme degré de la formation de l'homme.

APrès que l'ame a fabriqué le cœur, pour y faire son principal siége & pour obéir à l'entendement humain, elle le garantit de toutes parts des embûches qui lui pourroient être dreffées. Elle l'environne d'abord d'une forte membrane, pour le défendre contre les affauts du dedans. Elle lui fait naître une eau claire & douce, pour l'humécter dans ses mouvemens continuels & quelquefois violens, & fabrique ensuite au-dehors des remparts d'offemens pour le défendre contre ses ennemis étrangers.

Le premier mois de lune ne s'eft donc pas plutôt écoulé, que le petit enfant change de place & tombe dans le vuide de la matrice. (*a*) Là il eft reçû & confervé comme le plus riche tréfor de la nature ; & fe fentant doucement preffé, comme par de petites careffes, il femble qu'il s'en réjoüiffe

par

par les legers mouvemens qu'il commence imperceptiblement à faire à fa mere.

C'eſt fans doute par ces preſſemens que les femmes ont moins de ventre en ce tems - là qu'auparavant. Leurs entrailles ſerrent alors , & couvrent chérement l'enfant qui vient d'arriver. Il ſe place donc à l'embouchure du vaiſſeau duquel il eſt ſorti ; ſi bien qu'il eſt entre le milieu du fond de la matrice & l'ouverture de ſon vaiſſeau éjaculatoire. Cette ſituation lui eſt comme contrainte , puiſque la cavité de la matrice n'eſt alors guéres plus ſpacieuſe que pour y loger une groſſe amande verte.

Cependant toutes les parties de l'embrion ne ſont pas encor parfaites. Le cœur , le poulmon , la rate, les reins & les boïaux ſemblent être ſuſpendus & comme atachez hors de ſon corps : les yeux ſont comme deux petits points noirs marquez à la tête. L'epine du dos & les côtez paroiſſent plus forts ; les mains & les piez commencent à ſe former ; les vaiſſeaux ſe groſſiſſent & s'allonlongent. L'on s'aperçoit même de la production de ceux du nombril, qui font chercher dehors dequoi faire vivre cette petite créature. C'eſt ce qu'a remarqué *Riolan*, dans l'enfant d'une femme dont il fit la diſſection.

L'embrion ſe nourrit peu-à-peu de ce qu'il choiſit entre la membrane qui l'envelope, & qui s'élargit de jour en jour par l'acroiſſement du petit corps qu'elle renferme. Ce qui n'empêche pourtant pas qu'il ne ſorte de l'une & de l'autre corne de la matrice une humeur blanche & ſpermatique, qui n'a pas juſques-là abandonné le fétus, & qui lui eſt tellement néceſſaire, que ſans ce principal aliment, je ne doute point qu'il ne ceſſât bien-tôt de vivre.

Mais parce que peut-être on diroit que j'en impoſe, en raportant tant de particularitez ſur la formation de l'homme, comme ſi j'avois été le témoin des actions de la nature, j'ai réſolu de le confirmer par les expériences que j'en ai faites, & par celles que les plus ſavans Médecins m'ont fait remarquer ſur ce ſujet.

Si

Si l'on peut comparer les animaux avec l'homme, je puis dire dans la remarque que j'ai faite de la nourriture du poulet, que ce petit animal ne se nourrit d'abord que du blanc de son œuf. Il l'épuise presque entiérement avant que de toucher au jaune ; si bien que le jaune est presque tout entier quelques jours avant qu'il sorte de sa coquille. J'en dis de même d'un enfant qui se nourrit dans les flancs de sa mere. Une matiére blanche, qui n'est autre chose que la semence de la femme lui sert d'abord de nourriture ; & comme cette matiére n'est pas sufisante pour le nourrir, le sang de la mere, qui a du raport au jaune d'œuf, lui sert aussi de nourriture dans les derniers mois de sa prison.

Avicenne, l'un des plus curieux observateurs de la nature, qui ait jamais paru, autorise cette vérité, lorsqu'il nous raporte, *qu'il a aperçû le fétus comme suspendu par deux petites attaches spermatiques,* (a) *qui sortoient de l'une & de l'autre corne de la matrice,* (b) *& je ne doute point que ce ne soit par-là qu'il se*

nour-

nourriſſe, avant qu'il vive du ſang des entrailles de ſa mere.

Varole a auſſi obſervé la même choſe, lorſqu'il remarque, *que les veines dorſales du fétus, qui les ſuſpendent, ſortent des deux cornes de la matrice en forme de cheveux. Ces petites ataches s'éfacent,* ſelon la remarque de ce Médecin, *dès que les vaiſſeaux du nombril pénétrent la membrane qui environne le fétus,* & que la matrice commence à diſtiler une petite roſée de ſang qui forme la petite charnuë de l'arriére-faix, qu'*Arantio* apelle fort proprement le ſoïe de la matrice.

Pour moi, qui me ſuis beaucoup apliqué à examiner les principes de la formation de l'homme, j'ai remarqué dans la matrice au commencement de la groſſeſſe de quelques femmes que j'ai diſſéquées, des vaiſſeaux blancs & lymphatiques parmi de ſanguins. Ils deſcendoient vers ſon orifice, & il ſembloit qu'ils formoient pluſieurs valvules pour retenir plus aiſément l'humeur qu'ils contenoient.

En ce tems-là le fétus eſt gros comme

me le pouce , *(c)* & il paroît de la groffeur d'un œuf de poule lorfqu'il eft couvert de fes membranes. Sa tête , qui eft auffi groffe que tout le refte du corps , renferme une fubftance femblable à du lait caillé : à voir fa bouche fenduë , on diroit que c'eft un chien, fans nez & fans oreilles. Ses parties principales ne paroiffent plus à découvert : on diftingue alors plus aifément le fexe par la diverfité des parties natureiles qui font faites les derniéres. Car l'entendement aïant un chef-d'œuvre à faire , il étoit bien jufte qu'il y travaillât long-tems avant que de le perfectionner ; & je ne doute pas que ce ne foient les grands avantages que poffédent les parties naturelles qui en ont retardé la formation. Le fiége de l'ame diftributive , & les parties par lefquelles la volupté fe communique à l'homme , & par lefquelles il devient vigoureux, hardi , ingénieux & fécond , ne fe forment pas en peu de tems comme les autres.

On commence au fecond mois de la lune à diftinguer deux membranes, dont l'enfant eſt envelopé. La premiére qui paroît à nos yeux, & que les Anatomiſtes apellent *Chorion*, ſemble avoir été faite par la ſemence de l'homme & par ſa chaleur naturelle, qui agiſſant ſur la ſemence de la femme lorſqu'elles s'aſſemblent dans l'une des cornes de la matrice, en a formé une boule. La ſeconde eſt celle qui touche immédiatement l'enfant, que les mêmes Anatomiſtes ont nommée *Amnios*, à cauſe de la ſemence de l'homme & de la femme, par le moïen de la même chaleur, dont l'entendement s'eſt d'abord ſervi pour faire la petite veſſie diaphane & tranſparente, que nous avons remarquée au commencement de la conception.

Ces deux membranes (*a b*) renferment donc l'enfant : (*c*) & parce qu'elles croiſſent peu-à-peu, à meſure que l'enfant ſe nourrit, elles preſſent auſſi & élargiſſent également la matrice. La membrane externe touchant fortement ſon fond, ſe joint & ſe cole à la ſuperficie interne de cette partie-là, par un peu de ſang qui en

coule

coule goute à goute. Ce fang, en fe
caillant par la vertu de la femence de
l'homme, devient chair & reçoit les
vaiffeaux *(c)* que l'enfant y pouffe
pour y puifer l'aliment qui lui eft convenable fur la fin de fa prifon.

Deux artéres fortent des iliaques du
petit enfant, une veine les accompagne, qui vient de la cavité du foïe, &
ces trois vaiffeaux fe trouvant unis à
fon nombril, avec le lien qui fufpend
la veffie, font tous enfemble, ce que
les Sages-femmes apellent le *Cordon*,
qui n'eft autre chofe que l'étui des artéres & des veines de l'enfant allon-
gées. Les artéres en évacuent le fang
fuperflu, & vont donner du mouvement & communiquer de la chaleur &
des efprits au fang qui fe trouve dans
la partie charnuë de l'arriére-faix. La
veine qui eft fouvent double, porte
du foïe de la matrice dans le foïe de
l'enfant, l'humeur qu'elle y a puifée,
afin que cette humeur foit encor per-
fectionnée & épurée avant que de paffer par le cœur de l'enfant.

Qua-

*************** :***************

Quatriéme & dernier degré de la formation de l'homme.

L'Intelligence travaille si promptement à son heureuse composition, que si nous avions la faculté de la voir agir de jour en jour, nous y remarquerions à chaque moment quelque chose de nouveau.

Les membres qui envelopent l'enfant, sont dans le troisiéme mois de lune de la grosseur du poing, & le *Chorion* commence déja à se coler au fond de la matrice ; mais de telle sorte, qu'il n'empêche point l'écoulement des humeurs qui viennent des vaisseaux éjaculatoires. Si cela n'étoit pas de la sorte, quelle aparence y auroit-il que les matiéres blanches & spermatiques, dont l'enfant se nourrit encor, en puissent sortir incessamment ?

Quoique l'on ne demeure point d'acord des vaisseaux qui portent cette matiére blanche à l'enfant, cependant on doit croire qu'il y en a, puisque les
hu-

humeurs qui font renfermées dans le *Chorion* & dans l'*Amnios* , ont fervi juf-qu'alors de matiére à former toutes les parties de l'enfant , & puis à le nourrir pendant tout ce tems-là. Si bien que l'on peut conjecturer que ces humeurs fpermatiques fe feroient épuifées, fi elles n'avoient été rafraîchies par d'au-tres. Et je ne doute pas que les ata-ches fpermatiques & les racines dorfa-les d'*Avicenne* & de *Varole* ne foient les vaiffeaux qui portent au fétus la femen-ce de la femme pour le nourrir. Car de s'aller perfuader qu'il fe nourriffe d'abord du fang de fa mere , c'eft ce que je ne favrois croire , non plus que *Galien* & *Fernel.*

Si le fang des régles eft retenu quel-ques jours dans une femme vuide, l'ex-périence nous montre qu'il fe cor-rompt & qu'il fait dans le corps de la femme tant de défordre en peu de tems , qu'il y met une difpofition à toute forte de maladies. A plus forte raifon , s'il eft retenu plufieurs mois dans une femme groffe , fera-t il moins capable de nourrir un enfant délicat,

qui

qui ne s'est jusques-là entretenu que d'alimens fort purs & bien préparez.

Ce sang superflu s'écoule donc les premiers mois de la grossesse, en partie par les régles de quelques jeunes femmes sanguines : pour les autres qui ne se purgent pas ainsi, la partie la plus mauvaise demeure dans leurs veines, pour leur faire misérablement passer tout le tems de leur grossesse, à moins qu'elles ne soient extrêmement fortes pour y résister. Cependant la nature qui ménage sagement ses productions, dissipe ce mauvais sang des femmes, ou bien elle en évacuë les excrémens par la bouche, en vomissant, ou par les autres lieux destinez à cet usage. Pour l'autre, qui en est la meilleure partie, elle la change en matiére blanche pour la nourriture de l'enfant, comme nous allons le prouver.

La semence de l'homme n'a pas seulement la vertu d'être la principale matiére de la génération, elle rend encor la semence des femmes féconde par ses esprits, qui se broüillent parmi

toute

toute la maffe de leur fang. Car quelle
aparence que dans la plûpart des femmes qui ne font pas ordinairement réglées, les premiers mois de leur groffeffe le fang des régies ne fit pas de défordres, s'il n'étoit changé en femence,
par la faculté fermentative & particuliére de la femence de l'homme ? Et
quel moïen encor que la femme pût
engendrer tant d'humeurs blanches
durant les premiers mois de fa groffeffe pour former & nourrir fon enfant, fi
le fang des régles, comme en étant la
premiére matiére, ne fervoit à cet
ufage ?

La femence de l'homme qui change
en lait le fang qui refte après que la
femme groffe s'en eft nourrie, change
auffi en matiére blanche & fpermati-
que le même fang, pour fervir de nourriture à l'enfant qu'elle porte dans fes
entrailles.

1. Prefque tous les Médecins ont crû
les uns après les autres, que l'humeur
claire qui eft contenuë dans l'*Amnios*,
étoit la fueur de l'enfant, & que celle
que renfermoit le *Chorion* en étoit l'u-
rine.

rine. Et parce qu'ils n'ont pû découvrir l'origine ni l'ufage de ces liqueurs,
ils ont acommodé la nature à leurs penfées & fe font imaginé que les chofes
étoient autres qu'elles ne font véritablement. C'eft pourquoi ils ont fait
paffer *l'ouraque*, qui eft le fufpenfoir de
la veffie, jufqu'au de - là de l'*Amnios*,
afin de porter l'urine dans la cavité du
Chorion, au lieu que ce lien fe termine
feulement au nombril, & qu'il n'eft
jamais troué que contre les ordres de
la nature, ainfi que l'expérience nous
le fait connoître.

2. En fecond lieu, d'où pourroit venir cette urine & cette fueur dans
un fétus qui n'a pas encor des reins fabriquez ni de veffie formée, & qui ne
s'exerce pas avec affez de violence
pour fuer ?

3. D'ailleurs, le petit oifeau qui eft
renfermé dans fa coquille, qui ne fuc
& qui n'urine jamais, a pourtant ces
deux humeurs féparées : & pour ne
parler ici que du poulet, après que
l'œuf dans lequel il eft renfermé a été
couvé pendant 8. ou 10. jours, on y
remar-

remarque dans l'une de ses membranes une humeur fort claire, que l'on apelle le lait de l'œuf, & dans l'autre une matiére un peu plus épaisse, que l'on nomme le blanc.

4. Au reste, si ces matiéres étoient de l'urine & de la sueur, qu'est-ce qui auroit la vertu de les conserver sans se corrompre, & sans corrompre les enfans, pendant tout le tems qu'ils demeurent dans les flancs de leurs meres?

Il faut donc avouer que les humeurs renfermées entre les membranes du fétus, sont plutôt son aliment que l'excrément de son petit corps.

5. S'il faut prouver cette opinion par l'axiome des Philosophes, on peut dire que nous devons d'abord nous nourrir de semence, puisque nous en avons été formez, car, outre qu'au commencement nous ne découvrons point de vaisseaux qui portent du sang de la mere au fétus, le sang des régles, comme nous l'avons dit, est une nourriture trop éloignée pour se changer dans les parties d'un petit corps tendre.

dre. Mais quand l'enfant eſt accompli & qu'il a changé de tempérament, c'eſt alors qu'il a beſoin de plus d'aliment & du ſang des régles, qui eſt une autre ſorte de nourriture qui lui vient de la chair de l'arriére-ſaix.

6. D'ailleurs, les ſemences étant des émanations & des extraits de la plus pure partie du ſang de nos parens, quel inconvénient y a-t-il à croire qu'elles ne puiſſent encor devenir ſang, puiſque la goute du ſang qui paroît quelques jours après la conception, eſt engendrée de ſemence & multipliée par cette même matiére ?

7. L'expérience nous fait voir que tous les oiſeaux ſe nourriſſent d'abord du blanc de leur œuf par les veines qui y ſont diſtribuées ; & que cette nourriture leur manquant, ce qui arrive ſur la fin de leur priſon, ils ſe ſervent du jaune, que l'on trouve attaché à leur nombril 8. ou 10. jours après qu'ils ſont ſortis de leur coquille. Si le ſang des régles a du raport au jaune, & la ſemence de la femme au blanc de l'œuf,

ne

ne devons-nous pas croire que les enfans se nourrissent d'abord de la semence de leurs meres ; puis de leur sang
sur la fin de la grossesse ?

8. Nous trouvons dans l'*Amnios* une
humeur claire , douce & agréable au
goût , que la nature a ainsi préparée
pour servir d'aliment prochain à l'enfant ; & dans le *Chorion* une autre matiére un peu plus épaisse qui en est l'a-
liment le plus éloigné. L'une & l'autre
de ces matiéres se figent & se caillent ,
quand on les expose au feu; si bien que
l'on ne se tromperoit point , si l'on
croïoit qu'elles ont les mêmes qualitez & les mêmes usages que le blanc
de l'œuf à l'égard des oiseaux ; car si le
blanc nourrit le poulet , ainsi que nous
l'avons remarqué , je ne vois point de
raison pourquoi cette humeur blanche
de la femme ne pourroit pas aussi servir de nourriture à l'enfant , & avoir
de pareils usages. Il ne faut pas douter ,
selon le sentiment d'*Hipocrate* , que la
matiére claire de l'*Amnios* ne pénétre
le corps tendre de l'enfant, que la bouche ne la suce, que son gosier ne l'atire,

re , que fon eftomac ne la reçoive, puifque nous trouvons dans l'eftomac des enfans nouveaux nez une matiére chyleufe & dans leurs gros boïaux des excrémens noirs.

9. Après-tout , on doit être perfuadé que l'enfant , pendant tout le tems qu'il demeure dans le ventre de fa mere , fe nourrit des humeurs qui fe trouvent renfermées dans fes membranes ; car qui lui auroit apris , dès qu'il eft né , de prendre & de fucer la mammelle de fa mere, fi auparavant il n'en avoit apris l'ufage & le métier lorfqu'il étoit dans fes entrailles ?

On doit donc conclure de tout ce que nous venons de dire , que les humeurs contenuës dans les deux membranes , qui envelopent le fétus , ne font pas de purs excrémens , mais la matiére pour le former & pour le nourrir.

Si nous avions des obfervations de tous les mois , nous aurions fans doute plus de lumiére que nous n'en avons , pour connoître de quelle façon la nature agit lorfqu'elle nous forme. Et fi

les

les Médecins vouloient se donner un peu plus de peine qu'ils ne font ordinairement , je me persuade que dans peu de tems nous ferions des découvertes , qui nous aprendroient des choses admirables touchant la formation de l'homme.

Il y a environ six ans que je fis ouvrir une femme qui étoit morte grosse de *quatre mois* , & après avoir coupé deux membranes qui couvroient l'enfant , j'aperçûs que tous ses petits membres étoient distinguez ; que sa tête étoit plus grosse à proportion que tout le reste du corps ; que son cerveau étoit comme du lait caillé , avec quelques fibres rouges qui le traversoient : que ses yeux manquoient de paupiéres , son nez de chair, sa bouche de lévres , & son visage de joûs : que sa poitrine étoit divisée en trois cavitez presque égales. La *sagoûe* étoit placée dans la plus haute. Cette partie étoit beaucoup plus grosse que dans les hommes parfaits, & elle étoit pleine d'une liqueur blanche comme du lait. Le poulmon , le foïe , la rate & les reins qui étoient tous d'un rouge mourant, ocupoient la capacité inférieure, & le cœur renfermé dans son *péricarde*, étoit dans celle du milieu. Cette derniére partie sembloit être double, par la tumeur de son ventricule droit & de ses deux petites oreilles. L'estomac étoit rempli d'une humeur un peu épaisse, semblable en quelque façon à celle que renfermoit l'*Amnios*. Les petits boïaux contenoient une matiére chyleuse, & les gros en renfermoient une autre un peu noire, qui étoit de la consistance d'une opiate liquide. Le boïau *cæcum* n'étoit qu'un apendice, non plus que dans les hommes, & il ne formoit pas un second intestin, comme on l'aperçoit dans les pourceaux. Il y avoit un peu d'urine dans la vessie & un peu de bile dans le vésicule du fiel. La coëfe sembloit être une petite nuée, qui flotoit sur les boïaux dans le haut du ventre. Les reins étoient divisez en plusieurs petites boules, comme sont ceux des veaux, & par-dessus on observoit dans la graisse d'autres parties rougeâtes &

com-

comme glanduleufes, que l'artére adi-
queufe arrofoit, qui étoit auffi groffe
que l'émulgente. Les tefticules étoient
dans le ventre, car c'étoit un garçon,
au même lieu que ceux des femmes,
un peu au-deffous des reins. Les piez
& les mains commençoient à fe garnir
d'ongles, & les mufcles paroiffoient
rouges par le fang dont ils étoient aparemment déja nourris. Le *Chorion* étoit
comme colé à quelque fang caillé qui
fortoit du fond de la matrice, de la
même maniére que nous voïons un
potiron ataché à un arbre ou à la racine d'un chardon qui l'engendre. Je
remarquois encor que les vaiffeaux
ombilicaux venoient du bas & s'allon-
geoient en haut, après avoir percé les
deux membranes de l'enfant, pour fe
joindre au milieu de la partie charnuë
de l'arriére-faix, ce qui fut fait aparemment dans 8. ou 10. jours, fi la mere ne fut morte avec l'énfant. Je trouvai auffi beaucoup de matiére blanche
& mulcilagineufe, entre les membranes de l'enfant & la matrice, & après
avoir coupé moi-même un des vaif-

feaux

feaux éjaculatoires de cette femme,
qui étoit gros comme le doigt, il me
parût rempli d'une matiére blanche,
qui reffembloit à la femence d'une
femme. La matrice dans fon fond étoit
épaiffe d'un bon pouce, & fpongieufe
comme une éponge. J'y aperçûs des
varices en affez grand nombre, &
quelques veines remplies d'un fuc
blanc, qui étoient vifqueufes en plufieurs endroits.

Ce qui fert à l'enfant pour fon orne-
ment & pour fa défenfe, eft formé
dans cinq ou fix mois. Les cheveux
percent alors la peau, & l'on voit venir les ongles aux mains & aux piez.
Les paupiéres commencent à couvrir
les yeux, le nez à fe garnir de peau,
les mufcles *buccinateurs*, qui font les
jouës à rougir, & les lévres font les derniéres parties à fe former : on aperçût
encor alors les oreilles imparfaites, &
l'on commence à voir la poitrine qui
fe diftingue des parties baffes, par le
diaphragme qui fe forme.

Pendant que toutes ces parties s'a-
vancent de la forte, celles que nous
apel-

apellons principales & nécessaires à la
vie , se perfectionnent & s'acomplis-
sent aussi. Le *Chorion* est attaché plus
qu'auparavant à la partie charnuë de
l'arriére-faix qui est de la hauteur d'un
travers de doigt , & qui reçoit déja
l'insertion des vaisseaux ombilicaux.
Ces vaisseaux commencent à y puiser
la matiére qui contribuë à nourrir l'enfant, qui est déja assez grand pour avoir
besoin de plus de nourriture qu'auparavant.

En éfet , *Riolan* me confirme dans
mon opinion , par une histoire qu'il
raporte d'une femme grosse de cinq
mois dont il fit la dissection en l'an
1612. Ses testicules étoient plats, blanchâtres & comme atachez au milieu
du dehors de la matrice. Les cornes
de cette partie étoient grosses comme
le doigt ; mais la droite l'étoit plus que
l'autre , & toutes deux remplies d'une
humeur blanche. Son col étoit dur &
calleux , & cependant humecté d'une
matiére gluante. La partie charnuë de
l'arriére-faix étoit épaisse d'un travers
de doigt , & jointe au fonds de la

P 3 matri-

matrice par de petites fibres.

Cette histoire nous fait connoître
que cet enfant étoit sorti de la corne
droite de la matrice , puisqu'elle étoit
beaucoup plus élargie que l'autre : que
les vaisseaux éjaculatoires ne seroient
pas si gros , & ne contiendroient pas
une si grande quantité de matiére blanche , si cette matiére n'avoit ses usages
particuliers : savoir, de nourrir l'enfant
dans ses premiers mois & d'y contribuer encor dans ses derniers : enfin ,
que l'enfant aïant communication avec
la partie charnuë de l'arriére-faix, il fait
conjecturer qu'il se nourrit de diférens
alimens.

La chair de l'arriére-faix , est un sang
figé par la semence de la femme , qui a
été renduë féconde par les esprits de la
semence de l'homme. Cette chair n'est
pas semblable à celle des viscéres ; elle
se déchire aisément avec les ongles : sa
molesse & sa substance spongieuse en
étant une des principales causes. C'est
ce qui la rend si prompte à s'abreuver
du sang qui distile incessament, en forme de rosée , par les petites artéres de

la

la matrice. Sa figure eſt convexe, du
côté qu'elle touche cette partie-là. Elle a des fentes, des *ſinus*, ou des inégalitez qui l'empêchent d'être ſuffo-
quée par les humeurs, qui pourroient
lui être communiquées en abondance
du côté de la matrice. Toute ſa ſubſtance eſt pleine de vaiſſeaux, qui ſont
plutôt des artéres que des veines, afin
d'atémier & d'inciter le ſang qui a ſervi une fois de nourriture à l'enfant, &
rectifier celui qui vient de nouveau du
côté de la mer. Ces vaiſſeaux ſont des
productions de ceux de l'enfant, que
ſon intelligence a pouſſez juſques dans
l'arriére-faix, pour y chercher de quoi
nourrir la petite créature qu'elle a
formée.

Si la matrice ouvre de ſon côté huit
ou dix petites artéres, pour diſtribuer
du ſang goute à goute à la chair de l'arriére-faix, cette chair en a pouſſé plus
de quarante dans le fonds de la matrice : & ainſi les femmes qui acouchent
ne courent pas ordinairement tant de
riſque de perdre la vie qu'on ſe le perſuade, par l'épanchement du ſang de
leurs

leurs vidanges, puifqu'il y a de leur
côté fi peu de vaiffeaux ouverts.

L'enfant eft fitué d'une certaine façon dans les entrailles de fa mere, que
fes vaiffeaux ombilicaux montent en
haut pour chercher de quoi vivre,
comme fait le germe d'une femence
qui cherche l'air. Ils font fortifiez d'u-
ne membrane épaiffe & gluante, qui
eft une production de la peau du ventre
de l'enfant & des autres membranes
communes. Après qu'ils fe font allon-
gez de la longueur d'environ cinq piez,
ils fe jettent dans le milieu de la chair
de l'arrière-faix. Les autres s'y font faire place par le mouvement de leur
fang, qui raréfie & fubtilife l'humeur
qui s'y rencontre, qui n'eft pas ordinairement trop bonne; & après lui
avoir imprimé fon mouvement, il la
fait promptement paffer dans la veine
qui eft renfermée dans le même étui.
Cette veine a de diftance en diftance
de petites valvules, pour empêcher
que le fang ne coule avec trop de précipitation, & qu'il ne fufoque l'enfant.
C'eft par ces petits nœuds que les Ma-
trô-

trônes devinent ce qui doit arriver à la
mere, & c'eſt auſſi contre ce pronoſ-
tic, que S. *Chryſoſtôme* parle d'un ton
ſi haut & éloquent.

Si l'on veut ſavoir comment circule le ſang dans la chair de l'arriére-faix,
& comment il ſe communique à l'enfant, l'on n'a qu'à lier le *Cordon*, &
l'on verra que la veine s'enfle du côté
de l'arriére-faix, & que l'artére bat du
côté de l'enfant, & ainſi l'on n'aura
plus de doute ſur le mouvement de ſes
humeurs.

Nous avons ſujet d'admirer la ſituation de l'enfant dans le corps de la
femme; il a toujours la tête en bas, ſelon les loix de la nature, afin d'être
prêt à ſortir, quand il en ſera queſtion;
la groſſeur & la peſanteur de ſa tête lui
faiſant garder toujours cette poſture.
Son viſage eſt tourné vers le dos de ſa
mere, ſon nez eſt entre ſes genoux, & il
a ſes deux poings près de ſes jouës. Ses
coudes touchent ſes cuiſſes, & ſes ta-
lons ſes feſſes; ſi bien que dans cette poſture il demeure neuf mois, ſouvent en
dormant, & quelquefois en veillant &
en

en s'agitant avec affez de vigueur. Car quoique les nerfs des enfans ne foient pas durs, ils font pourtant auffi gros & même plus gros que les nôtres, & affez capables de caufer des mouvemens fenfibles.

Au commencement du dixiéme mois de lune l'enfant eft dans fon entiére perfection ; toutes fes parties font acomplies, & il n'afpire qu'à fa liberté. La liqueur dans laquelle il nage, devient vieille & corrompuë, parce que, d'un côté, il en a pris le meilleur, pour fe nourir depuis le commencement de fa vie, & que de l'autre il s'y eft mêlé une infinité d'excrémens qui l'ont infectée. Son urine qui fort de fes parties naturelles, & non d'ailleurs, & les ordures de fa peau ont corrompu cette liqueur. C'eft un prifonnier infecté de l'air de fa baffe-foffe : il brife fes liens, & fait un éfort pour aller ailleurs chercher une demeure plus commode. Son eftomac ne peut plus foufrir une liqueur corrompuë ; elle fait de mauvaifes impreffions fur fon cœur, & fes efprits en font altérez. Peut-être eft-ce

ce pour cela que depuis le milieu jufqu'à la fin de la groffeffe de la mere, fa
nature lui a fourni du fang affaifonné
de la maniére qu'il le faut, pour éviter
la mauvaife nourriture des liqueurs
renfermées entre les membranes de
l'arriére-faix. C'eft en ce tems-là que
l'orifice interne de la matrice, qui
reffembloit au commencement de la
groffeffe au mufeau d'un chien naiffant, ou plutôt d'une poule, n'eft
plus qu'un petit bourrelet, & encore
eft-il éfacé par l'élargiffement de la
matrice; ce qui eft le plus fûr & le
plus véritable figne de l'aproche des
couches.

Ces liqueurs qui font devenuës des
excrémens, ne manquent pas pourtant
d'ufages. Elles s'opofent, d'un côté,
aux accidens externes qui pourroient
lui caufer la mort, lorfqu'il eft encor
dans les flancs de fa mere; & de l'autre, elles doivent un jour faciliter l'a-
couchement en humectant les parties
naturelles de la femme.

Il y a encor une autre caufe de l'a-
couchement, qui eft auffi naturelle que
celle

celle dont nous venons de parler. La
chaleur qui réfide dans nôtre cœur ne
peut durer long-tems, fi elle n'eſt éventée & fi elle ne fe décharge de tems en
tems des excrémens vaporeux qu'elle
engendre. Lorſque ce feu eſt venu à un
degré de force qu'il ne peut plus ſoufrir d'acroiſſemens, ſans courir riſque
de périr par la ſuffocation, le cœur de
l'enfant en feroit bien-tôt étoufé, fi en
ſe dégageant des liens dont il eſt ataché, il ne cherchoit ailleurs dequoi fe
rafraîchir, par le moïen de l'air que ſes
poulmons doivent reſpirer : c'eſt auſſi
pour cela que l'on a quelquefois enten-
du le cri de quelques enfans qui étoient
dans le ventre de leurs meres, comme
voulant reſpirer avant que d'être nez.
Cette cauſe, auſſi-bien que l'autre,
oblige les enfans de ſortir pour ſe donner la liberté. Ce n'eſt pas qu'ils manquent de nourriture, puiſqu'il leur en
vient ſufiſamment du côté du *Cordon*.

C'eſt donc l'enfant qui par ſes éforts
donne le branle à l'acouchement ; c'eſt
lui qui briſe ſes liens & les membranes
qui l'embaraſſent ; c'eſt lui qui veut
vivre

vivre tout feul, & qui a deffein de fe
fervir de la nourrice. Pour cela il frape fortement les entrailles de fa mere,
qui étant extrêmement fenfibles, font
obligées de s'élever contre lui & de le
chaffer dehors. Il caufe donc les premiers éforts, & la mere acheve; car
dans l'acouchement, lorfqu'il eft dans
le pas, la tête fortie, il eft fouvent fi
étonné de fes propres éforts & de ceux
de fa mere, qu'il n'y a alors que la femme qui agiffe, pour le mettre dehors
par la violente agitation des mufcles
de fon ventre.

Quelques-uns ne peuvent croire
qu'un enfant puiffe demeurer dans les
flancs de fa mere fans refpirer ; parce,
difent-ils, que la vie eft tellement unie
à la refpiration, que nous ceffons
de vivre, lorfque nous ceffons de refpirer.

Mais s'ils avoient exactement confidéré les poulmons des enfans de huit
ou neuf mois, ils feroient convaincus
du contraire. Ils auroient obfervé que
le poulmon ne fait point alors les actions qu'il fait dans les hommes par-

faits ; car dans les enfans cette partie se nourrit sans se mouvoir , ainsi que la couleur de sa substance nous le marque. Ils auroient encor apris que le sang ne circule pas dans leur poulmon comme dans le nôtre , puisqu'il passe par le trou ovalaire du *septum* ou de l'entre-deux du cœur, ainsi que l'a fort bien remarqué *Botal.*

Au reste , si quelques animaux parfaits vivent sans respirer, ainsi que font la plûpart des poissons , ne pouvons-nous pas croire que les enfans peuvent bien vivre quelque-tems sans respirer ? L'eau de la mer rafraîchit le cœur des poissons,& fait la même fonction dans leur poulmon, que l'air dans le nôtre ; & l'enfant qui nage aussi parmi des eaux , se rafraîchit par-là, & tempére la chaleur qui est d'abord assez modérée ; si bien qu'alors il n'est pas nécessaire qu'il respire, jusqu'à ce que sa petite chaleur naturelle, & se petit feu de son cœur, se soient augmentez , & l'aïent obligé de rompre ses liens pour chercher sa liberté.

On peut encor ajoûter à cela , que
les

les alimens dont il se nourrit, sont plus
épurez & moins chargez d'excrémens,
que ceux dont nous nous nourrissons;
car toutes les parties nourriciéres de
la mere les nétoïent de leurs ordures
& les filtrent pour les épurer davantage. Le foïe de l'arriére-faix les coule
dans sa chair spongieuse, & les viscéres de l'enfant les corrige encor : si
bien qu'après cela les alimens sont
purs, & n'ont pas besoin d'être encor
épurez par la respiration : son cœur
n'est pas si incommodé des vapeurs
fuligineuses du sang, & il peut faire son
action, sans avoir besoin de respiration
comme le nôtre.

Après que l'enfant est né & que l'arriére-faix est sorti, selon les loix de la
nature, la matrice qui est toute ouverte alors se referme incontinent, &
trois heures après on n'y sauroit mettre la main. C'est ce qui m'a causé
souvent de l'admiration, aussi-bien
que la verge de l'homme, qui étant
roide pour engendrer, devient si flé-
trie & si petite après son action, qu'en
hyver on auroit quelquefois de la pei-

Q 2   ne

ne à la trouver. Ce font des coups dé
ja nature, qui eſt admirable dans toutes ſes actions, & qui fait plus paroître
la puiſſance & ſes merveilles dans la
production de l'homme & des animaux, que dans toute autre ocaſion.

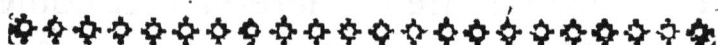

CHAPITRE V.

Du faux-genre & du fardeau.

LA nature dans ſes ouvrages ſe propoſe toujours une fin. Elle n'entreprend jamais de génération qu'elle
n'ait un principe certain & déterminé.
Si elle manque quelquefois à faire ce
qu'elle s'eſt propoſé, il faut plûtôt en
acuſer les cauſes qui concourent avec
elle, que de publier qu'elle s'eſt trompée. Si quelquefois elle ne fait point
dans les femmes de véritable conception, on ne doit atribuer la faute qu'à la matiére ſur laquelle elle travaille, qui n'eſt pas diſpoſée à faire des
générations humaines. Tant de con-
ditions ſont néceſſaires pour faire un
enfant,

enfant, que s'il en manque quelqu'une,
il n'en faut atendre qu'un faux-germe
ou un fardeau, ou tous les deux enſemble. Et pour parler en particulier ſur
cette matiére qui me paroît fort diſici-
le, on me permettra ſeulement de l'é-
baucer, ſans l'examiner au fond,
n'aïant lû aucun Auteur, ſi l'on excepte *Valleriola*, qui en dit quelque choſe,
qui m'ait indiqué comment ſe font les
irrégularitez de la génération.

Je ne parle point ici des Monſtres,
qui ſont des choſes extraordinaires
dans la nature, & qui ne viennent
point de la conception ni des ſemences des ſexes humains : mais je parle
des erreurs de la conception, qui ſont
faites par le défaut & les maladies de la
ſemence, ou par l'abondance & la mauvaiſe qualité du ſang des régles. Car la
véritable, auſſi-bien que la fauſſe conception, ſe fait par le mélange de la
ſemence de l'homme & de la femme,
ainſi que nous l'avons prouvé ail'eurs
& que nous le ferons encor voir dans la
ſuite de ce diſcours.

La femme n'a pas la puiſſance de ſe

polluer comme l'homme, ni de se décharger de sa semence superfluë. Elle la garde quelquefois fort long-tems dans ses testicules, ou dans les cornes de sa matrice, où elle se corrompt, & devient jaune, trouble ou puante, de blanche & de claire qu'elle étoit auparavant. Au lieu que l'homme se polluant souvent, même pendant le sommeil, sa semence est toujours nouvelle, & ne demeure jamais dans ses conduits pour s'y corrompre, à moins qu'il ne soit incommodé. Alors sa maladie la rend souvent inféconde. Et si elle est en ce tems-là communiquée à une femme saine & fertile, ou elle ne cause point tant de génération, ou si elle en cause, elle fait un enfant malade & valétudinaire.

1. Tous les vices & les irrégularitez de la conception viennent donc plutôt du côté de la femme que de l'homme. Si par hazard la semence de l'homme rencontre la semence corrompuë de la femme, il ne faut pas alors en espérer de véritable conception. La semence de l'homme a beau avoir toutes

les

les qualitez nécessaires pour engendrer, elle ne peut néamoins produire un enfant, si elle trouve des humeurs qui la rendent incapable de faire son action naturelle : si dans la matrice elle se mêle avec une sérosité corrompuë & virulente qui détruit son ame, que *Galien* apelle esprit génitif ; & si enfin entrant dans l'une de ses cornes & se communiquant à la semence de la femme, elle la rencontre trouble & incapable de recevoir ses impressions. Car quelle aparence y a-t-il que la semence de la femme soit émuë par les esprits actifs de celle de l'homme, & qu'elle en soit comme caillée, pour me servir de l'expression de l'Ecriture, si elle-même manque d'esprits, & si elle a perdu par sa corruption ce qu'elle avoit de meilleur & de plus actif ?

Cependant la nature qui n'est jamais dens l'oisiveté, ne laisse pas d'agir incessamment, & par le moïen des esprits de la semence de l'homme, d'agiter en quelque façon la semence corrompuë de la femme, qui n'aïant nulle disposition à former les parties d'un d'un enfant, s'enfle feulement, fe multiplie & fe fermente en quelque façon.

Après quelques femaines, la boule ainfi enflée, eft jettée par le mouvement de la trompe dans la cavité de la matrice, où elle s'enfle encor davance : elle eft là entretenuë & fomentée par des humeurs féreufes, qui pénétrent les pores de fa membrane & qui lui communiquent dequoi la faire croître.

Deux mois & demi, trois ou quatre mois au plus ne fe font pas plutôt écoulez, que la nature voïant qu'elle travaille en vain fur une matiére qui n'eft point propre pour être animée, fe déjait enfin de ce faux-germe par des éforts & des douleurs infuportables, & par des accidens irréguliers. Car la femme qui le porte, fe fent plus groffe & plus incommodée, que fi elle avoit conçû un enfant : & la matrice pendant le tems de la fauffe groffeffe, faifant tomber de fon fond une rofée continuelle de fang, s'épuife peu-à-peu elle-même, ce fang ne pouvant être retenu par une boule animée. Enfin,

après

après le tems preſcrit par la nature, ce
faux-germe ſort quelquefois auſſi gros
que le poing, comme l'expérience me
l'a montré. Il eſt couvert d'une peau
aſſez dure, qui n'eſt autre choſe que la
membrane qui envelopoit la ſemence
de la femme, lorſqu'elle étoit dans l'u-
ne des cornes de la matrice. Si l'on
coupe cette boule, on y trouve une
humeur jaune & corrompuë, ſouvent
ſemblable à de la boüillie, & cette
humeur n'eſt que la ſemence de la femme qui avoit de mauvaiſes qualitez, &
qui a été enſuite fomentée & entretenuë par une ſemblable matiére.

2. La ſeconde eſpéce de faux-germe eſt d'un autre figure & s'engendre
d'une autre ſorte. L'eſprit génitif qui
réſide dans la ſemence de l'homme,
quelque ſain & quelque actif qu'il puiſſe être, eſt preſque étoufé par le mélange des humeurs cruës & ſéreuſes
qu'il rencontre quelquefois dans la
matrice dès qu'il y eſt entré, ſi bien
que ſe coulant enſuite dans l'une de
ſes cornes, il ne peut y faire aucune
production, s'il y trouve de pareilles
liqueurs

liqueurs qui foient rebelles à fon impreffion : d'où vient qu'il ne faut pas
s'étonner , s'il ne peut imprimer fon
caractére fur des matiéres fi irrégulié-
res , & s'il fe fait un faux-germe ou une
fauffe conception. Il fort feulement de
la femence de l'homme ainfi mêlée,
quelques efprits foibles & languiffans,
qui pénétrant plufieurs boules & le
corps même de la femme , mettent
plutôt fes humeurs en mouvement ,
qu'ils n'en entreprennent de génération.

Les efprits de la femence de l'homme ne pouvant donc agiter la femence
de la femme, ne laiffent pas de pénétrer jufques dans la maffe de fon fang
qu'ils excitent tant foit peu , & qu'ils
font fufifamment fermenter , pour faire
degouter dans la cavité des cornes plufieurs goutes de femence , dont plufieurs boules font formées. Ces boules
qui n'ont pas tout ce qu'il faut pour la
génération , font fucceffivement chaf-
fées dans la cavité de la matrice , après
que la chaleur naturelle a fabriqué une
petite peau mince à chacune de ces
bou-

boules, comme le feu du four produit la croute du pain.

Quelque - tems ne s'est pas plutôt écoulé, que toutes ces petites boules se joignant les unes aux autres par de petites fibres, font la grape du faux-germe, ou un corps à peu près semblable à la chair du col d'un Coq d'Inde. Ces fibres charnuës font produites par quelques goutes de sang, qui fort plus ou moins abondamment du fond de la matrice, dans le second ou le troisiéme mois de la fausse-grosse.

Je ne saurois prouver plus clairement ce que je dis, que par l'histoire de Mademoiselle L.... que je ne veux pas répéter ici, & que j'ai raportée tout au long au chapitre précédent, *article 6. figure 7.* Ce que dit *Valleriola* fur cette matiére de *Louison* & de la femme de *Georges*, confirme ma penfée. La premiére, après fix mois de grossesse aparente, rendit une grosse grape membraneuse, à laquelle une infinité de petites boules, femblables à des œufs de poisson, étoient atachées; elles contenoient un humeur qui étoit de-

venuë

venuë jaune, trouble, & puante par un trop long féjour.

La nature ne peut foufrir long-tems ces fauffes-générations. Elle s'en défait quand elle le juge à propos, par des douleurs & des tranchées diférentes de celles des véritables acouchemens. Car ce faux-germe, aufli bien que l'autre, ne féjourne guéres plus de quatre mois dans la matrice fans fe corrompre; & s'il y demeure jufqu'au 5. 6. ou 7. mois, qui eft le plus long féjour de ces faux-germes, l'expérience m'a apris que leurs humeurs ne font plus claires, ni blanches, mais jaunes, troubles, corrompuës, ou puantes.

3. La troifiéme efpéce de faux-germe, eft un faux-germe animé. Je le nomme ainfi, parce qu'il ne reprefente pas la figure d'un homme, mais de quelqu'autre animal. Il fe forme de cette forte.

La femence qui eft renfermée dans l'une des cornes de la matrice d'une femme, ne contient pas toujours des matiéres entiérement corrompuës & incapables de recevoir les impreflions

de

de la semence de l'homme , comme
dans le premier & le second faux-germe : elle ne conserve pas aussi des matiéres pures comme dans la véritable
conception ; mais il arrive quelquefois
que la liqueur de la boule est mêlée de
bonnes & de mauvaises humeurs, comme nous voïons de bon & de mauvais
sang sortir d'une veine piquée ; si bien
que dans cette boule, il y a des liqueurs
fléxibles & fécondes , & d'autres étrangéres & incapables de recevoir le caractére que peut leur imprimer la semence de l'homme.

Quelque forte & quelque active que
soit cette semence , elle ne peut communiquer sa vertu qu'aux matiéres disposées à recevoir son impression:desor-
te que si la semence de la femme & les
esprits de cette même semence sont en
petite quantité , & qu'outre cela ils
soient en partie infléxibles , irréguliers
& languissans , quelle aparence y a-t-il
qu'ils deviennent fertiles & qu'il s'en
fasse une véritable conception ?

Il ne se faut pas imaginer que l'intelligence se mette en peine de fabri-

Tome II. R quer

quer le corps de ce faux-germe. Dieu n'envoïe point une ame immatérielle & incorruptible dans le corps de ce qui n'eſt point homme ; mais toute la fabrique de ce corps doit être atribuée à l'ame, qui réſide dans la ſemence de l'homme qui agit comme elle peut, en ſuivant les ordres que la nature lui a preſcrits.

Cette ame donc, que l'on peut apeller humaine, ſe voïant obligée par la néceſſité de ſon eſſence de faire un corps de la matiére qu'elle rencontre, s'aquite de ſon devoir, & travaille inceſſament ſur cette matiére inégale pour en faire quelque génération. Car comme la nature veille inceſſament à la perpétuité des hommes, elle aime beaucoup mieux faire travailler les agens ſur quelque matiére que ce ſoit, que de les laiſſer en repos. C'eſt ce qu'elle fait dans cette ocaſion. Le défaut de matiére ne l'empêche point d'agir, & bien qu'elle en manque pour former un enfant entier, & qu'elle ne trouve point de quoi pour faire les bras ni les jambes, elle ne laiſſe pas pourtant de fabriquer quelque cho-

chose, qui ressemble en quelque façon aux agens qui l'ont produit.

Quoique la matiére sur laquelle l'ame travaille, soit mêlée avec d'autre qui n'a nulle disposition à la génération humaine ; cependant elle qui a des dispositions convenables, sert à former un tronc animé, qui ressemble à un gros ver ou à un serpent ; c'est-à-dire, que ce corps n'a ni bras ni jambes.

Si dans une autre ocasion elle rencontre un peu plus de matiére, pour former les bras & les cuisses d'un fétus, alors elle ne fait que les commencer, sans pouvoir les perfectionner, faute de matiére, & ainsi ces parties imparfaites n'étant pas proportionnées au reste du corps, il se forme un fétus, qui ressemble à un lézard, à un rat, sans queuë & sans poil, ou enfin à une grenoüille.

Si dans une troisiéme ocasion, la boule où se forme le fétus est trop près de la matrice, & que là elle soit trop pressée par les membranes trop dures d'une de ses cornes, & qu'outre cela le fétus manque de matiére pour être

R 2   formé,

formé, alors l'ame ne peut faire qu'un animal qui manquera de quelques parties & qui aura les autres en même-tems diformes. C'est ce que l'expérience nous fait connoître, lorsqu'elle nous fait voir des femmes qui acouchent de quelqu'enfant, qui a la figure d'un pourceau, d'un aigle, ou de quelqu'autre animal semblable.

La boule où ce faux-germe animé est formé, est chassée avec le tems dans la cavité de la matrice, comme le sont les véritables enfans, & là cet animal recevant des cornes & du fond de la matrice des humeurs pour se nourrir & se perfectionner, croît de jour en jour, jusqu'à ce que la nature en étant irritée, s'en défasse avec peine, souvant avant neuf mois, & quelquefois aussi dans le terme ordinaire de la naissance des véritables enfans ; ainsi qu'*Houlie* nous l'aprend, par l'histoire d'une femme qui acoucha de quelques enfans semblables à des grenoüilles.

Quoique l'ame de la semence de l'homme, ou si l'on veut, les esprits de cette même semence soient afoiblis

par

par le mélange d'une matiére irrégu-
liére , avec laquelle ils se sont mêlez
dans la matrice un moment avant la
conception même ; cependant ils ont
encor la vertu de pénétrer le corps de
la femme & de faire leur impression sur
toutes ses humeurs qu'ils mettent en
mouvement, & qu'ils font ensuite cailler pour faire l'arriére-faix de ce faux-
germe animé. Car le sang des régles
coulant du fond de la matrice , acheve
de nourrir cet animal, comme il fait le
véritable enfant. Mais parce que le
sang de la femme aussi-bien que la semence , a des parties hétérogénes , &
est d'une substance toute diférente les
unes des autres, il ne faut pas s'étonner si l'arriére-faix , aussi-bien que le
faux-germe , a des parties si diformes ,
& si peu semblables à celles d'un arriére-faix d'un véritable fétus.

Il y en a qui ne peuvent croire que
ces faux-germes aïent des causes naturelles, ainsi que nous venons de l'expliquer. Ils pensent que les astres par
leurs diverses rencontres, sont la cause
de la génération de ces animaux : mais,

R 3   com-

comme nous l'avons dit ailleurs, les aſtres ſont trop éloignez de nous pour en être des cauſes prochaines. Ils ne ſont ſeulement que concourir, en qualité de cauſe commune, dans toutes les opérations véritables ou dépravées de la nature.

Rondelet a une plaiſante penſée ſur la génération de ces faux-germes animez. Il croit que ſi les femmes engendrent des fétus qui reſſemblent à des lézards, à des hériſſons, ou à d'autres pareils animaux; on doit les interroger, pour ſavoir ſi elles n'ont point mangé d'herbes ou bû d'eau qui conſervât la ſemence de ces animaux. Car il ſe perſuade que les vers, les grenoüilles ou les autres animaux qui s'engendrent quelquefois dans les boïaux des hommes, ne peuvent venir que des ſemences qu'ils ont avalées, & que la chaleur naturelle a fait éclore dans leurs corps, ainſi que la ſemence de ces animaux étant diſtribuée parmi le ſang d'une femme, peut être envoïée à la matrice, & y produire une eſpéce d'animal ſemblable à celle dont elle procéde.

Mais

Mais le fentiment de *Gordon* & de quelques autres Médecins fur cette matiére , eft ce me femble bien plus probable que ceux-là. Ils difent que la mauvaife nourriture des femmes fait de mauvaife femence , & qu'elle eft la caufe de tous les défordres qui arrivent dans la conception. C'eft pour cela , ajoûtent-ils , que l'on apelle , *Fréres des Lombards , ou des Salernitains* , les faux-germes animez , que les femmes Italiennes engendrent quelquefois avec de véritables enfans , parce qu'elles fe nourriffent fort mal. Ainfi les fauffes conceptions fe font par un mélange irrégulier & par une proportion inégale des femences des deux fexes , comme fix goutes d'efprit mêlées avec trois goutes d'eau forte font mal fermenter la matiere ; mais il en faut fix pour la bien faire agiter : j'en dis de même de la véritable conception ; il faut une véritable & une égale portion de femence faine des deux fexes pour la bien faire.

L'expérience confirme cette opinion ; car dans tous les lieux de l'Europe,

pe , principalement dans les Méridionaux , où la plûpart des femmes ne se
nourriffent que d'herbes , de légumes
ou de fruits , qui font de mauvais fang
& de mauvaife femence , il arrive de
pareils défordres dans la génération.
L'Italie & l'Efpagne nous fourniffent
affez d'exemples fur ce fujet , que
nous raporterions ici , fi nous ne crai-
gnions d'ennuïer le Lecteur , qui pourra les lire dans les Auteurs qui les ont
écrits.

Il eft fi vrai que la génération des
faux - germes fe fait de la maniére
que je l'ai dite , que fi l'on corrige
l'intempérie des entrailles des femmes,
fi l'on purifie leur fang , & fi l'on évacuë fes mauvaifes humeurs , qui font
de mauvaife femence , on verra bien-
tôt après arriver de véritables conceptions , ainfi que l'expérience nous le
montre.

Après avoir prouvé que les faux-
germes fe forment par les vices & les
défauts de la femence , il faut expliquer
à cette heure comment les fardeaux
s'engendrent par l'abondance & la
mau-

mauvaife qualité du fang des régles.

Il y a de deux fortes de fardeaux,
qui n'ont de cordon ni l'un ni l'autre,
comme a le véritable fétus ; l'un paroît
avoir quelque principe de vie, & l'autre eft tout-à-fait inanimé. Celui-là
ne vient pas feulement de la femence
de l'homme & de la femme mélées enfemble, mais encor de beaucoup de
fang des régles : & c'eft la raifon pourquoi les bêtes n'en engendrent point,
n'aïant pas tant de fang de régles que
les femmes, & celui-ci ne procéde
que de la femence de l'homme & du
fang des régles, ainfi que nous le ferons voir dans la fuite de ce difcours.

Le fardeau animé eft une maffe de
chair couverte de peau, fans figure
humaine, qui a des artéres & des veines avec quelque mouvement obfcur.
Il fe forme de cette forte. Le fang des
régles ne fort tous les mois du corps
des femmes que par la fermentation
que leur femence a excitée dans toute
la maffe de leur fang, ainfi que nous
l'avons prouvé ailleurs : fi bien que ce
fang a toûjours plus ou moins de femence

mence dans fa maffe , & par conféquent eft plus ou moins fufceptible des impreffions que peut lui faire la femence de l'homme. Car cette femence fait cailler le fang de la femme, au lieu que la femence de la femme ne le met qu'en mouvement. C'eft à fa femence de l'homme que l'on doit atribuer la formation du fétus & de l'arriére-faix, & c'eft auffi à cette même femence que l'on doit atribuer la vertu de faire les deux efpéces de fardeaux ; favoir, l'animé & l'inanimé, que nous avons tous deux fouvent obfervez dans les Hôpitaux des Païs du Midi, où les femmes groffes font reçûës.

La femence de l'homme étant donc jettée dans la matrice y trouve quelquefois tant d'humeurs qui embaraffent les parties actives de fa fubftance, qu'elle ne peut pénétrer dans les cornes de la matrice pour y former un enfant. Elle demeure dans la cavité, comme engluée par l'abondance du fang des régles qui l'empêche de faire fon action. L'ame de cette femence qui

qui veut inceffamment agir, lorfqu'elle trouve de la matiére tant foit peu
difpofée à recevoir fon caractére, ne
peut demeurer fans rien entrepren-
dre. Elle agit donc fur la femence de
la femme, qui depuis peu eft fortie en
abondance des cornes de la matrice,
& qui s'y trouve mêlée parmi beaucoup de fang des régles. Elle en forme
quelque chofe d'animé, mais quelque
chofe d'informe. Elle y fait de la chair
qui croît peu-à-peu; elle y forme des
artéres, des veines, des ligamens, une
peau, & donne à tout ce compofé un
mouvement tremblant & un fentiment obfcur; comme la nature en
donne de femblables aux éponges.
C'eft de cette forte de fardeau qu'étoit
celui qu'obferva *Mathieu de Grados*,
qui après être né, ne vécut que quelques momens.

2. Mais fi la femence de l'homme fe
mêle dans la matrice avec beaucoup
de fang des régles, parmi lequel il y ait
fort peu de femence de femme, alors
il ne fe fait nulle conception, le fang
des régles étoufe prefque l'ame & tous
les

les efprits de la femence de l'homme ;
& s'il en refte quelques-uns , ils ne fervent qu'à faire cailler & à former quelques veines parmi une chair fans figure , ou s'il fe fait quelque forte de conception , ce qui eft animé ne vit pas
long-tems ; fi bien que l'un & l'autre
fardeau ; c'eft-à-dire , & celui qui a été
peu ce tems animé , & celui qui n'a jamais eu de principe de vie , demeurant l'un & l'autre fort long-tems dans
la matrice , ils y croiffent comme des
potirons ou des trufles ; & l'on en a vû
y demeurer quelques années , ou toute la vie même , comme la femme d'un
Potier d'étain de Paris , qui porta un
fardeau dix-fept ans , & qui en mourut enfin , felon la remarque d'*Ambroife Paré.*

Tous ces faux - germes & ces fardeaux fe forment quelquefois tous
feuls , comme nous venons de le dire ,
quelquefois avant le véritable enfant ,
& quelquefois auffi après ; c'eft-à-dire , par fuperfétation.

Il n'eft pas plus dificile à croire que
la véritable conception fe faffe après

la

la génération d'un faux-germe ou d'un fardeau, que de croire que la superfétation soit possible, de laquelle l'on ne doute plus presentement, & que de croire aussi que le véritable sétus se puisse former dans les entrailles d'une femme, après qu'elle a introduit dans la cavité de sa matrice un pessaire pour la tenir assujétie, comme l'expérience me l'a fait voir, & que quelques autres histoires nous l'assurent. Car soit que le faux-germe se forme dans une des cornes de la matrice, soit que le fardeau ocupe son fond, cela n'empêche pourtant pas que le véritable sétus, ou que la semence de l'homme, ne s'empare de la corne vuide.

La superfétation d'un faux-germe ou d'un fardeau arrive quelquefois, lorsqu'un enfant est formé dans une des cornes de la matrice & qu'il ne descend pas si-tôt dans sa cavité. Si pendant ce tems-là une femme amoureuse est caressée, alors elle peut concevoir une fois, par la vertu de la semence de l'homme qu'elle reçoit dans les premiéres semaines de sa grossesse,

& ainſi donner lieu à une ſeconde
génération & à la formation d'un
faux-germe ou d'un fardeau, ſelon
que la matiére ſera diſpoſée pour les
former.

La ſemence de l'homme entre donc
dans la même corne où la véritable
conception ſe fait pour y produire un
faux-germe animé, & y trouvant la ſemence de la femme vers l'extrémité de
la trompe qui touche la matrice, elle
imprime ſes caractéres féconds ſur une
partie des humeurs qu'elle renferme
& qui ſont propres à les recevoir. Mais
comme la corne de la matrice, où eſt
le premier fétus qui a toutes ſes parties
acomplies, en eſt irritée après quelques ſemaines, elle les jette dehors
l'un & l'autre, le dernier conçu ne faiſant que de recevoir ſes premiers lini-
mens.

Le véritable & le faux-fétus tombent
donc dans la cavité de la matrice, & là
s'éforcent d'un côté & d'autre d'atirer
des humeurs pour ſe nourrir ; mais
comme le premier formé eſt le plus
fort, il s'empare auſſi de ce qu'il y a de
meil-

meilleur dans les parties naturelles de
la femme : au lieu que l'autre étant
languiſſant, & par ſa premiére conformation & par ſa privation de l'aliment
qui lui eſt convenable , il demeure im-
parfait & prend la figure qui répond
aux animaux dont nous avons parlé ci-
deſſus.

Quelquefois au contraire le faux-fétus ſuce ce qu'il trouve de meilleur, &
ne laiſſe au véritable que le ſuperflu &
les ordures ; d'où vient que ce fétus
ne pouvant vivre de ce mauvais aliment, il languit & il meurt avant que
de naître. C'eſt de - là qu'eſt venuë
la fable que l'enfant naiſſant étoit
mordu par le faux-germe , & que par
ſes morſures il l'empoiſonnoit de ſon
venin.

On peut ici former une queſtion ;
ſavoir, ſi une femme peut engendrer
un faux - germe ou un fardeau, ſans
avoir été careſſée d'un homme ?

Ceux qui ſont d'avis que les vierges, auſſi-bien que les femmes, ſont
ſujétes aux déſordres de la conception,
comme *Jules Scaliger* & *Lévinus Lem-*

nius

nius le foutiennent, lorfqu'ils difent que *Galien* a juftement comparé les œufs des poules aux fardeaux des femmes, & que ces animaux faifant des œufs fans mâle, une femme pouvoit auffi faire un fardeau fans la communication d'un homme ; que la forte imagination d'une fille amoureufe pouvoit faire une impreffion fufifante fur des matiéres renfermées dans fes parties naturelles, & que de-là il pouvoit fe former auffi-bien un fardeau que des taches fur le corps d'un enfant : & qu'enfin on avoit des exemples de perfonnes d'une vie exemplaire, qui avoient engendré des fardeaux fans avoir été careffées par des hommes.

Mais ce fentiment, qui paroît favorable aux femmes qui ont proftitué leur pudicité, ne fauroit forcer l'efprit de ceux qui ont examiné de bien près les actions de la nature fur le fait de la génération. Car il eft aifé de favoir par expérience, que de toutes les Religieufes & de toutes les filles qui font au monde, il n'y en a pas une qui ait engendré un fardeau, & nous n'avons

vons point d'hiftoire qui nous le faſſe remarquer ; & ſi nous en avons quelques-unes, elles nous font fort fuſpectes, & nous les croïons fupoſées : car outre pluſieurs raiſons, les filles n'ont pas les vaiſſeaux de la matrice aſſez ouverts qui puiſſent donner aſſez de fang .pour en former un. Il n'y a que les femmes ſanguines & amoureuſes qui foient capables de ces fortes de générations, quand elles s'allient à contre-tems avec un homme.

La forte imagination d'une femme, non plus que l'ardeur exceſſive de l'amour, ne font point capables de faire quelque forte de génération, comme *Lévinus* nous le veut faire acroire. Car quelle aparence que l'action de l'ame, qui eſt immatérielle, puiſſe former des taches fur le corps des enfans, & qui plus eſt, un corps dans les flancs d'une femme ? C'eſt ce que nous avons examiné ailleurs, en parlant des taches des enfans, & que nous examinerons encor au *chap.* 7. de ce Livre.

Au reſte, on ne pourroit atribuer la cauſe éficiente de cette eſpéce de gé-

néra-

nération qu'à la femence de la femme ;
qui fe mêle parmi le fang de ces régles
pour en faire un fardeau. Mais comment fe pourroit-il faire que cette femence, qui originairement eft du fang
féminin, pût avoir des parties fi diférentes entr'elles pour faire cailler le
fang dont elle procéde, & de plus
pour y former une peau, des artéres
& des veines ? Il n'y a que la femence
de l'homme qui eft d'une toute autre
matiére, qui puiffe caufer des éfets ; &
c'eft à celle-là auffi à qui l'on en doit
atribuer la faute & la véritable génération humaine. *Une chofe ne peut agir fur*
foi-même : il faut qu'elle ait des parties
de diférente fubftance, pour mettre
un corps en mouvement & pour en
former quelque chofe. Il eft vrai que
la femence de la femme peut faire
mouvoir fon fang, comme fait la bile
lorfqu'elle y eft mélée, mais elle n'en
peut rien former.

De plus, perfonne n'a dit jufqu'ici,
que le faux-germe s'engendroit fans la
participation d'un homme, & cependant il eft auffi-bien une erreur de la
con=

conception, que le fardeau qui n'eft
que la chair de l'arriére-faix mal faite.

Difons encor, que fi le fardeau pouvoit fe former fans la femence d'un
homme, nous ne verrions pas fi fouvent des enfans conçus & liez avec des
fardeaux ; & *Aléxandre Benoît* ne nous
feroit point obferver un enfant de 4.
ou 5. mois étoufé au milieu d'un fardeau, dont il tiroit fon aliment, comme de l'arriére-faix. Et *Kerkringe* ne
nous en montreroit pas un autre, comme nous l'avons remarqué ci-deffus.

Ajoûtons à cela, que fi le fang des
régles s'eft caillé quelquefois, & qu'en
fortant il ait donné des marques d'un
fardeau, comme le témoigne *Marcel-*
lus, on doit croire que ce n'étoit que
du fang qui fe caille aifément, lorfqu'il
eft pur & qu'il eft hors de fes vaiffeaux :
fi on le met en l'eau, il fe diffoud incontinent, & on voit par-là que ce
n'eft que du fang en grumeaux, & non
une fauffe-conception.

On peut encor dire que l'équivoque du mot de *Fardeau* a été la feule
caufe que plufieurs Médecins ont cru
que

que le fardeau pouvoit être engendré sans la participation d'un homme. Ils étoient fondez sur les écrits de quelques anciens Médecins qui ont pris le fardeau pour une humeur de la matrice ; mais la génération de ce fardeau ne dépend point du commerce d'un homme avec une femme : il n'en est pas de même de celui dont nous parlons, qui ne peut être engendré sans que l'homme y ait contribué de sa part.

Enfin les œufs des poules n'ont nulle proportion aux fardeaux des femmes. Il est vrai que les femmes ont des matiéres qui répondent affez bien aux matiéres des œufs, & que celles qui jouiffent d'une fanté parfaite, & qui font dans une belle jeuneffe, rendent fouvent de la femence proportionnée au blanc de l'œuf, & des régles qui répondent au jaune, qui ont l'une & l'autre les mêmes ufages ; mais l'expérience nous a montré que cette femence & ce fang des régles n'engendroient rien, s'ils n'étoient touchez par un homme ; comme il ne fortiroit point de poulet d'un œuf, à moins qu'il ne fût

ren-

rendu fécond par la femence du coq.

On peut donc conclure, après *Hy-pocrate*, *Ariftote*, *Galien*, & plufieurs autres, que les générations ne fe peuvent faire fans qu'une femme ait été careffée par un homme.

Il feroit bon de raporter ici les fignes des faux-germes & des fardeaux, pour les diftinguer d'avec la véritable groffeffe, puifque c'eft principalement l'afaire d'un Médecin, qui ne doit jamais s'y tromper.

Si donc une femme eft groffe d'un faux - germe ou d'un fardeau, elle a plus de douleur au ventre, que celle qui l'eft d'un véritable enfant. Sa douleur procédant plutôt d'une caufe qui eft contre les loix de la nature, que de celle qui eft contre fes équitables decrets.

D'ailleurs elle a les mammelles moins dures & moins pleines de lait : il y en a même qui manquent de lait, & qui nous marquent par-là qu'elles n'ont point d'enfans dans les entrailles.

Au refte, le fardeau n'aïant point de mouvement par lui-même, il tombe
du

du côté que la femme se tourne ; au
lieu que l'enfant demeure ataché par
sa propre vertu dans le lieu où il est,
& qu'on le sent mouvoir de bas en
haut, quand on met la main sur le ventre d'une femme grosse de cinq ou six
mois, ce que l'on n'aperçoit point
dans un faux-germe ni un fardeau.

Enfin une femme a beaucoup plus
de peine & plus de tranchées à rendre
un faux-germe ou un fardeau, qu'un
enfant qui donne le branle aux couches ; au lieu qu'un fardeau étant immobile, les éforts doivent tous venir
du côté de la mere.

****

CHAPITRE VI.

S'il y a un art pour faire des garçons ou des filles.

LA nature a fait tant d'impression
sur les hommes par la loi qu'elle a
imprimée dans leur cœur, qu'en dépit
d'eux ils ont une envie secrete de se
perpétuer. Cette passion est extrême
dans

dans quelques perfonnes, & il s'en eft
vû qui n'ont rien épargné pour avoir
des fuccelleurs, principalement de fexe le plus noble. L'art qui enfeigne ce
fecret, ne fauroit être trop eftimé, puifque c'eft fouvent de-là que dépend le
bonheur des Roïaumes & la tranquilité des familles.

Avant que de découvrir les régles
de cet art, & que de dire ce que l'expérience m'a fourni fur cette matiére, il
me femble qu'il faut auparavant expliquer de quelle maniére s'engendrent
les garçons & les filles, afin de faire des
remarques plus exactes pour les régles
que l'on en doit établir, & pour fortifier en même-tems mon opinion fur la
formation de l'homme, que j'ai expofée au chapitre quatriéme de cette
Partie.

J'avouë que la queftion eft grande,
par laquelle on demande s'il y a un art
pour faire des garçons ou des filles, &
qu'elle eft peut-être la plus dificile qui
foit dans la Médecine : je crois néamoins qu'elle deviendra aifée à comprendre & à décider, fi l'on veut en-

trer

trer dans ma penſée, qui explique aſſez probablement, ſi je ne me trómpe,
l'origine & le progrès de la génération.
Ce n'eſt pas qu'il n'y ait de grandes
dificultez ici auſſi-bien qu'ailleurs,
mais il me ſemble qu'il y a plus de vrai-
ſemblance dans cette opinion que dans
toute autre.

Tout le monde demeure d'acord,
qu'à parler en général, le tempérament des hommes eſt fort diférent de
celui des femmes : que les hommes
ſont plus chauds & plus ſecs ; qu'ils
ont une chair plus reſſerrée, une peau
plus rude, des membres plus forts &
plus robuſtes, un eſprit plus pénétrant, qu'ils vivent d'alimens plus durs,
plus chauds & plus ſecs ; & que leur
exercice eſt ſouvent plus violent. Les
femmes au contraire ſont plus froides
& plus humides ; c'eſt-à-dire, moins
chaudes & moins ſéches : elles ont une
chair plus molette, plus délicate &
plus polie, un eſprit plus aiſé ; elles
uſent d'alimens plus froids & plus humides ; enfin, elles ſont preſque toujours dans l'oiſiveté.

Si

Si la nature des hommes & des femmes eft de la forte, il eft certain que les uns & les autres ont puifé cette nature & leur inclination, qui en eft comme un éfet inféparable, qu'ils l'ont puifée, dis-je, dans les flancs de leurs meres, lorfqu'elles leur ont fourni la premiére matiére dont ils font compofez.

Pour expliquer cette penfée, on doit fe reffouvenir de ce que j'ai dit ailleurs & réfléchir un peu fur les principes de notre formation.

Dans une femme féconde, les cornes de la matrice font remplies de femence, qui fe change en petites boules groffes à peu près comme de petits pois, lefquelles font rangées dans leurs petites cellules, comme font en quelque maniére les œufs dans l'ovaire d'une poule, dont il naît plufieurs enfans, quand la femence de l'homme en a touché plufieurs. La boule que la femence de l'homme a renduë féconde, conferve parmi fes iqueurs le germe d'un enfant, qui d'abord fans doute eft moindre qu'un ciron, & qui a

été formé , fi c'eft un garçon , d'une
matiére chaude, féche & épaiſſe, pleine de feu & d'efprit, avec des pores
reſſerrez & des parties preſſées. Mais
fi c'eft une fille , la matiére en eft moins
chaude, plus humide & plus délicate.
Les parties en font plus déliées , & les
pores plus ouverts & plus polis. Elle
ne contient pas tant de feu , & il n'y a
pas une ſi grande abondance d'efprits :
fi bien que la diférence de l'un & de
l'autre ſexe , ne vient que de la diverfité des fubſtances des femences du pere & de la mere , de leurs qualitez premiéres , & de celles que l'on apelle
de la matiére. Entre ces deux difpofitions de la femence féconde de la
femme , il y en a une troiſiéme qui
tient le milieu , & qui a fon projet extrêmement tempéré dans toute forte
de maniére , ſi bien qu'il naîtroit de-là
une hermaphrodite , s'il n'étoit déterminé pour un garçon ou pour une fille ,
par l'ame de l'homme , & par l'activité
de ſa femence , comme nous le verrons ci - après dans une differtation
particuliére.

Her-

Hercule, fi nous en croïons les Poëtes, étoit fi robufte, qu'il n'engendra prefque jamais d'enfans qui ne fuffent mâles, & entre foixante & douze qu'il fit, il ne s'y trouva qu'une feule fille. Mais fans m'arrêter à ce qui pourroit paroître fabuleux, je trouve dans l'Ecriture que *Gédéon*, qui fut l'un des Princes du Peuple Hébreu, étoit d'un tempérament fi chaud & fi actif, qu'il engendra foixante & onze enfans mâles, fans qu'il foit jamais parlé d'aucune fille.

Lorfque la matrice reçoit la femence de l'homme, & que fes cornes, par une vertu particuliére, atirent cette humeur, pour la communiquer à la femence de la femme, qui a de la difpofition à recevoir une impreffion fubite par l'activité de la matiére fpiritueufe de l'homme, alors l'ame & les efprits de cette matiére agiffante fervent de principe fubalterne à tout ce bel ouvrage. Si ces principes trouvent une boule où il y ait un germe de garçon, ils lui donnent de la fécondité, en faifant fermenter toutes les petites

parties de l'humeur qui y eſt renfermée. Ils pénétrent & excitent ce petit
projet que l'intelligence de la mere
avoit commencé à former. Mais ſi l'a-
me & les eſprits qui ſont envelopez
dans la ſemence de l'homme , touchent
& rendent féconde une autre boule qui
ait des diſpoſitions à faire une fille, la
ſemence de l'homme y fera les mêmes
impreſſions , puiſque ſouvent elle eſt
indiférente à toute ſorte de ſexe, ainſi
que nous l'avons prouvé ailleurs.

Les inclinations ſecrettes qui nous
ſont naturelles , découvrent infailliblement les principes de la génération de l'un & de l'autre ſexe; car ſi
je puis raiſonner des cauſes par ſes
éfets, il me ſera permis de dire, que
comme les hommes ſont naturellement robuſtes , & qu'avec cela ils ont
un apétit naturel à vivre d'alimens
chauds & ſecs , à s'ocuper inceſſamment, & à ſe donner de la peine à la
guerre & aux grandes afaires, on doit
conclure que leurs principes ſont plus
forts & plus groſſiers que ceux dont les
femmes ſont faites. Il s'en trouve peu
qui

qui haïssent le vin & qui rejettent les
choses qui leur piquent la langue. Les
femmes au contraire sont naturellement délicates , & leur inclination,
pour parler en général , ne se porte
guéres au travail : elles usent, par une
coûtume naturelle , d'alimens froids
& humides, qui sont proportionnez à
leur tempérament, & il ne s'en est guéres vû qui n'aimassent avec passion & le
lait & les fruits ; la nature leur deman-
dant par un apétit secret dequoi faire
subsister toutes leurs parties par des
choses qui leur sont proportionnées.

Les principes de l'homme & de la
femme sont donc fort diférens , puisque l'un & l'autre ont des inclinations
si opofées. Le principe de l'un est plus
chaud , plus sec & plus resserré ; & le
principe de l'autre , plus froid , plus
humide & plus molet.

L'expérience nous fait connoître
cette vérité ; car une femme grosse
d'un garçon , sera ordinairement plus
vermeille & se portera beaucoup
mieux , que si elle l'étoit d'une fille :
la chaleur d'un garçon échaufe & ex-

T 3   cite

cite la mere, au lieu qu'une fille par fa froideur augmente le froid & l'humide de fon tempérament ; ce qui la rend valétudinaire & malade pendant toute fa groffeffe.

S'il fe rencontre quelquefois des femmes qui foient d'un tempérament plus chaud que quelques hommes, on n'en doit pas imputer la caufe à la nature ; mais aux humeurs de la mere qui les a portées dans fes flancs, au lait de la nourrice qui les a allaitées, à l'exercice & aux alimens chauds dont elles ont ufé pendant leur vie.

1. Ainfi ce n'eft pas la matrice qui eft la principale caufe des mâles ni des femelles. Elle n'eft que le champ de la nature où l'on feme, puifqu'elle ne fait pas la génération, & ne reçoit que ce qu'on lui envoïe de côté & d'autre. Elle s'ocupe feulement à préparer la femence de l'homme & à l'atirer dans fes cornes. Elle favorife enfuite la conception. Elle fomente les nouveaux germes & leur diftribue l'aliment dont ils ont befoin. Enfin elle agit comme une bonne mere,

qui

qui fait vivre fon enfant aux dépens d'autrui.

Bien qu'il femble qu'elle foit plus chaude du côté droit, à caufe du foïe qui y eft placé, que du côté gauche, l'expérience cependant nous montre qu'elle reçoit également de l'un & de l'autre des matiéres plus ou moins chaudes. Et il s'eft auffi-bien trouvé des garçons du côté gauche de la matrice, que des filles du côté droit. Nous avons même quelquefois trouvé dans la diffection de quelques femmes, un mâle & une femelle du même côté. Deforte que ce n'eft ni la matrice, ni fes parties droites ou gauches qui font la caufe de la diférence des fexes.

2. Ce n'eft pas non plus le fang des régles; car lorfque l'embrion fe nourrit de fang, il a déja aquis fa nature & fon fexe, & il feroit alors impoffible de les lui faire changer. Les alimens peuvent, à la vérité, altérer notre tempérament, mais ils ne fauroient jamais le transformer dans un autre, bien loin de pouvoir faire changer nos parties de lieu & de figure.

3. L'i-

3. L'imagination de la femme, quelque forte qu'elle foit , ne peut encor produire cet éfet. Car combien y a-t-il de femmes qui n'ont que des filles & qui ne peuvent avoir des garçons, bien que leur imagination foit inceffamment embaraffée & comme farcie de l'idée de ces derniers ? L'imagination ne change ni nos humeurs ni leur tempérament : la bile ne fauroit par fa force devenir pituite , & la matrice qui a des difpofitions pour une fille , ne fauroit par fon moïen en avoir pour un garçon, le tempérament de l'un & de l'autre étant trop éloigné , leur matiére trop opofée, & leurs parties trop diférentes.

4. L'expérience nous aprend qu'on fait des garçons & des filles en quelque tems de lune que ce foit , & bien que la lune ait beaucoup d'empire fur nos humeurs , & qu'elle préfide d'autant plus à la génération, qu'elle joint fes influences à celles du foleil & des autres aftres, cependant je ne crois pas qu'elle puiffe faire changer les fexes ; car quoiqu'elle enfle & multiplie la
femen=

femence dans fon croiffant & dans fa
vigueur , & qu'elle en diminuë la force dans fon décours & dans fa défail-
lance , on ne peut pourtant la regarder
que comme une caufe fort éloignée
pour la diférence du fexe. Enfin les
Maquignons & les Métaïers perdent
leur peine , quand ils lient aux étalons
& aux taureaux leur tefticule gauche ,
pour avoir des chevaux & des taureaux , ou le tefticule droit , pour s'a-
quérir des cavales & des vaches ; puifque l'expérience nous a défabufez là-
deffus & nous a fait voir que les hommes qui avoient perdu à la guerre le
tefticule droit , ne laiffoient pas d'engendrer des enfans de divers fexes.

Il eft donc véritable , que ce n'eft ni
la matrice , ni le fang des régles , ni
l'imagination de la femme , ni la liga-
ture des parties génitales du mâle , ni
enfin les aftres qui font les caufes prochaines de la génération des mâles &
des femelles : mais c'eft plutôt la difpofition & le tempérament de la matiére dont nous fommes formez , ainfi
que nous l'avons fait voir ci-deffus.

Après

Après avoir expliqué le plus exactement que nous avons pû les premiéres caufes de la génération des garçons
& des filles, & en avoir découvert les
caufes immédiates, par le moïen de
la matiére qui fert à les former, il faut
prefentement donner des régles pour
engendrer en cette matiére & ces
efprits qui contribuent à la diférence
des fexes.

Première Régle. On ne voit guéres
de trop jeunes ni de trop vieilles gens
engendrer des garçons. Ils ne font ordinairement que des filles. La chaleur
naturelle eſt trop foible dans les premiers pour cuire & perfectionner la
femence. Les derniers font trop lan-
guiſſans, & la glace de leur âge s'o-
pofe à l'abondance & à la chaleur des
efprits qui doivent contribuer à former un garçon. Et parce que la femence n'eſt qu'un excrément de tout le
corps & des teſticules, il faut que toutes les parties foient fortes & vigoureufes pour engendrer de la matiére à
faire un garçon; ce qui ne fe rencontre
ni dans les uns ni dans les autres.

Secon-

Seconde Régle. La maniére de vivre est une des principales causes du sang & des humeurs : si l'on mange & que l'on boive des choses succulentes, chaudes & pleines d'esprits, les humeurs participent de ces mêmes qualitez, & la semence a alors des dispositions pour un garçon à venir. Mais si les alimens sont froids, quelle aparence qu'elle puisse servir à engendrer de la matiére pour former un garçon ? Elle n'aura tout au plus que des dispositions pour le corps d'une fille. Et l'expérience nous aprend, que ceux qui se nourrissent d'alimens chauds & succulens, & de chair d'animaux lascifs, aquiérent par-là, non-seulement la force d'engendrer, mais aussi de faire un garçon, pourvû qu'il y ait tant soit peu de vivacité dans leur tempérament.

Troisiéme Régle. Il n'est pas besoin de manger ni de boire beaucoup & à contre-tems, quand on a dessein de faire un garçon. La chaleur est plus vive & plus forte, quand nous sommes réglez. L'excès cause des cruditez,

&

& l'on ne voit guéres d'hommes ni
de femmes déréglez à table qui engendrent des garçons. Leur femence
n'a prefque point de chaleur ni d'efprits : & parce qu'elle eft indigefte &
imparfaite, elle n'eft propre qu'à former une fille.

Quatriéme Régle. Si le manger & le
boire éteignent notre chaleur naturelle, quand nous en ufons avec excès ; l'action déréglée de l'amour nous
épuife & nous rafraîchit de telle forte, qu'après nos embraffemens réïtérez nous n'engendrons que des filles.
L'expérience nous le fait voir dans les
jeunes gens, qui dans les premiers
jours de leur mariage fe careffent fi
éperdûment, qu'ils n'engendrent
point du tout, ou s'ils engendrent, ce
n'eft ordinairement que des filles. Que
l'on faffe réfléxion fur tous les mariages que l'on fait aujourd'hui parmi
les hommes, l'on y verra fans doute
beaucoup plus de filles aînées que l'on
n'y rencontrera des garçons. Les Jar-
diniers impatiens ne recueillent jamais
de bonnes graines. Ils défaffaifonnent
tou-

toujours la terre; & quand ils veulent
la femer, ou ils font fruftrez de leur
atente, ou les plantes qui en viennent
font foibles & languiffantes. Nous nous
preffons trop pour l'ordinaire quand
nous nous careffons, & fi nous favions
nous modérer, notre ouvrage feroit
plus parfait & dureroit plus long-tems.
Si lorfque nous careffons une femme,
nous nous contentions d'une fois, il
en naîtroit aparemment un garçon, au
lieu que fi par hazard une femme con-
coit de la feconde ou de la troifiéme
fois qu'on l'embraffe l'une après l'autre, il n'en naîtra affûrément qu'une
fille, ou s'il refte encor quelques efprits
& pénétrans dans la matiére qui doit
fervir pour un garçon, il fera fort petit,
& peut-être défiguré, par le peu de
matiere & d'efprits que lui fournira
fon pere.

Nous voïons tous les jours de jeunes femmes qui n'ont fait que des filles
avec un homme, & qui étant mariées
avec un autre ne produifent que des
garçons. La chaleur de nôtre jeuneffe nous précipite dans les délices de

l'amour : notre semence n'eſt pas plu‑
tôt faite, qu'elle eſt épanchée, & nos
emportemens amoureux durent ſou‑
vent dans les deux ſexes juſqu'à l'â‑
ge de vingt‑cinq ou de trente ans.
Mais ſi un homme ne careſſoit ſa fem‑
me que trois ou quatre fois le mois, la
ſemence de l'un & de l'autre ſeroit
plus cuite, plus épaiſſe & plus remplie
d'eſprits ; elle auroit plus de diſpoſi‑
tion à former un garçon, que ſi on
l'épanchoit plus ſouvent. Et c'eſt aſſû‑
rément pour cette raiſon que les vieil‑
lards font quelquefois des mâles ; car
comme ils manquent preſque de cha‑
leur naturelle, & que leur ſemence
eſt cruë & foible, s'ils n'atendoient
deux ou trois mois, pour donner le
téms à la nature de la cuire & de la
perfectionner, ils ne ſauroient déter‑
miner la ſemence de la femme à leur
donner un ſucceſſeur.

Cinquiéme Régle. L'expérience m'a
fait encor remarquer, que ſi les fem‑
mes qui ont des régles modérées, con‑
çoivent après leur écoulement, elles
font pour l'ordinaire des garçons ; mais
ſi el‑

fi elles ont des régies abondantes, &
qu'elles engendrent avant que ces régles paroiffent, ou dès qu'elles finif-
fent, elles font toûjours des filles. Si
nous examinons la caufe de ces diférentes productions que nous avons
fouvent obfervées, nous trouverons
qu'elles prouvent clairement l'opinion que j'ai établie. Car les femmes
qui ont abondamment leurs régles,
étant d'un tempérament plus humide
que les autres, elles ne peuvent produire en elles-mêmes de femence propre à faire un garçon, puifque la complexion de leur corps & de leurs humeurs eft opofée à la génération d'un
mâle. Dans le tems que les régles coulent encor, la matrice en eft humectée
& rafraîchie tout enfemble ; & bien
que cette partie pût réferver alors une
femence pleine de chaleur & gonflée
d'efprits, fon intempérie & celle de
tout le corps feroit pourtant une caufe qui diminuëroit cette même chaleur, & qui diffiperoit une partie de
ces efprits. Au lieu qu'une femme qui
a fes régles modérées, eft agitée d'au-

tant

tant de feu & de chaleur qu'il lui en faut pour un garçon ; la femence qu'elle engendre eſt chaude, féche & bien cuite, & après que ſa matrice s'eſt une fois défaite de toutes ſes impuretez, & qu'elle a été échaufée par le paſſage du ſang qui a coulé avec médiocrité, elle devient encor mieux diſpoſée qu'auparavant:ſi bien que la femence de l'homme y arrivant, elle la diſſoud & la raréfie alors plus promptement, pour la faire devenir propre à donner des caractéres de fécondité au projet du mâle qu'elle conſerve.

Sixiéme Régle. Enfin j'ai auſſi obſervé que les régions du Midi n'étoient pas ſi peuplées d'hommes que celles du Septentrion. Qu'il y avoit dans les premiéres ſix fois plus de femmes que d'hommes, & que dans les autres, les hommes égaloient preſque en nombre les femmes, ou les ſurpaſſoient même. Il eſt aiſé, ce me ſemble, d'en découvrir la cauſe.

La chaleur des Païs Méridionaux diminuë inſenſiblement la chaleur naturelle. Elle diſſipe continuellement des
eſprits,

esprits, en tenant toûjours ouverts les pores des corps: si bien que l'on n'est ni si vigoureux, ni si grand mangeur que dans les Païs tempérez ou froids. Les humeurs ne font pas si bien digérées dans ceux-là que dans ceux-ci, & la femence dans les premiers est plus propre à engendrer des filles qu'à faire des garçons. Je dirai encor, que parce que les hommes y font incessamment pénétrez d'une chaleur étrangére, & qu'ils ont acoûtumé de joüir des femmes avec excès, ils ont une femence cruë & indigeste, qui est toûjours disposée à faire des filles. J'ajouterai à ces raisons, que les femmes étant dans une continuelle oisiveté, & leur beauté consistant à ne point marcher pour être trop grasses, quelle aparence y a-t-il que dans cet état elles puissent avoir une femence forte & bien digérée, & que l'intelligence puisse former dans leurs flancs le projet d'un garçon d'une matiére si mal cuite ? Au contraire, dans les Païs tempérez & dans ceux qui font médiocrement froids, on a beaucoup plus de chaleur naturelle. Le

froid

froid bouchant les pores des corps en empêche la diffipation, & la femence étant par cette raifon plus chaude & plus remplie d'efprits, on engendre auffi plus de garçons que de filles.

C'eſt encor pour cela même que l'on fait plutôt des mâles, pendant que le vent foufle du côté du Nord. En éfet, les vents froids qui régnent dans nos climats le matin & le foir, pendant les faifons les plus chaudes, empêchent l'épuifement de nôtre chaleur naturelle, en arrêtant nos efprits, qui le diffiperoient autrement. C'eſt dans ce tems-là que notre chaleur & nos efprits fe multipliant dans nos corps, vivifient & animent, pour ainfi dire, la femence qui doit fervir de principe à un garçon : & s'il eſt vrai que les Bergers aïant remarqué la vertu de ce vent fur leurs troupeaux, font tous leurs éforts pour les faire acoupler pendant qu'il foufle, dans l'efpérance de profiter plus fur les beliers qu'ils ne feroient fur les brebis, on peut bien dire qu'il n'a pas moins de pouvoir fur la génération des hommes.

Pour

Pour moi, j'ai obfervé que le vent du Septentrion a une telle propriété pour conferver la vie des animaux & pour fortifier leur chaleur, que fi par exemple, on tire hors de l'eau des carpes ou des anguilles, & puis qu'on les mette dans la paille le ventre en haut, on empêchera par ce moïen les premiéres de mourir pendant trois jours, & les autres pendant fix : ce que l'on ne fauroit feulement faire pendant un jour entier, lorfque le vent du Midi foufle médiocrement.

En éfet, il afoiblit les animaux, en diffipant leur chaleur naturelle & en faifant évaporer leurs efprits : fi bien que la coction fe fait alors fort mal, le fang & les humeurs fe diftribuent très-lentement, & la femence ne peut avoir des efprits que pour animer le corps d'une femelle.

On doit donc conclure après toutes ces raifons, qu'il y a un art pour faire des garçons ou des filles, & que fi l'homme & la femme fe marient lorfqu'ils ne croiffent plus, s'ils obfervent exactement la façon de vivre que je

viens

viens de preſcrire, s'ils ne ſe careſſent
que rarement, & qu'ils donnent le
tems l'un & l'autre à la chaleur naturelle de cuire leur ſemence & à l'ame
de la perfectionner, & s'ils attendent
qu'un vent ſoufle du Septentrion au
plein de la lune, je ſuis très-perſuadé,
par l'expérience que j'en ai, qu'ils feront un garçon plutôt qu'une fille.

CHAPITRE VII.

Si les enfans ſont bâtards ou légitimes,
quand ils reſſemblent à leur pere ou à
leur mere.

PArce que la plûpart des Jurifcon-
ſultes, avec quelques ſavans Médecins, ſoutiennent qu'une femme
penſant fortement à ſon mari au milieu
de ſes plaiſirs illicites, fait par la force
de ſon imagination un enfant qui reſſemble parfaitement à celui qui n'en eſt
pas le pere ; il ſera bon à examiner ſi la
reſſemblance d'un enfant dépend de
l'imagination, ou de quelqu'autre cauſe.

se. C'est pourquoi nous rechercherons ce que c'est que la ressemblance des enfans à leurs ancêtres, nous en établirons les diférences, & nous tâcherons d'en découvrir les causes les plus véritables.

La ressemblance, selon le plus commun sentiment, est une qualité naturelle qui fait les hommes semblables les uns aux autres; si bien qu'en les regardant, ou en les voïant agir, on se trompe souvent, comme fit autrefois à Rome le Magistrat *Antonius*, qui acheta pour jumeaux deux beaux garçons, que *Torannius* lui vendit bien cher, quoique l'un fut Asiatique & l'autre Européen.

Les enfans ressemblent en trois façons à ceux dont ils sont issus. Ils leur ressemblent, dis-je, ou en qualité d'homme, ou en qualité de mâle & de fémelle, ou en qualité de particulier; desorte que l'espéce, le sexe & l'individu, établissent les trois sortes de ressemblance. Et pour ne parler ici que de la derniére, je dirai que les enfans ressemblent à leur pere ou à leur

mere,

mere , dans l'ame & dans le corps.

Quoique l'ame de l'homme soit d'une matiére extrêmement subtile, que nous ne pouvons découvrir avec les yeux , elle nous donne pourtant des marques de ressemblance par les éfets qu'elle produit. Les passions & les inclinations des enfans nous font connoître ceux dont ils ont été engendrez. Je ne parle point ici de l'ame immortelle, que j'ai nommée intelligence ; je suis persuadé qu'elle n'est pas matérielle, & qu'elle est d'une autre nature que l'ame , qui est la principale cause de la ressemblance. Cette ame dont nous parlons, nous donnera , par exemple, des marques d'une exacte œconomie dans les fils , comme nous l'avons observé dans le pere , & elle inspirera à ce même enfant les inclinations criminelles que l'on remarque dans la mere. L'ame de cet enfant ressemble donc par ses qualitez à son pere & à sa mere. Pour le corps , il aura des proportions & des ressemblances, à la figure , à la couleur & aux actions de ceux qui l'ont engendré : ou bien il resreffemblera à fon grand-pere ou à fon oncle : ou enfin il ne reffemblera ni aux uns ni aux autres ; mais il retiendra les deux autres fortes de reffemblances dont nous avons parlé ci-deffus.

J'avouë qu'il eft fort dificile de découvrir les caufes de toutes ces reffemblances , depuis que nous avons perdu la fcience qu'en avoient les *Pfylles ;* ce qui a fait que les anciens ont été fi partagez fur cette matiére , & que prefque tous les Jurifconfultes ont plutôt atribué la caufe de la reffemblance à l'imagination de la mere, qu'à toute autre chofe.

Mais avant que de dire ce que je penfe fur cette reffemblance , il me femble que je dois auparavant examiner fi l'imagination en peut être la véritable caufe.

1. Les Jurifconfultes difent , après quelques Médecins , que la femme a l'imagination fi prompte & l'efprit fi vif, que l'on ne doit pas s'étonner fi elle imprime fur ce qu'elle conçoit dans fes entrailles, la reffemblance de ce qu'elle defire avec paffion & de ce qu'elle

qu'elle s'imagine fortement ; deforte
que fi , par exemple , elle a un apétit
déréglé pour le vin , pour des mûres,
ou pour quelqu'autre chofe , ou qu'elle s'imagine fortement être careffée
par quelque perfonne ; fon imagination eft tellement atachée à ces fortes
d'objets, que l'expérience nous fait voir
tous les jours que l'enfant qui fe forme
alors dans fon fein , reçoit les marques
des defirs ou des idées de fa mere.
Jufques-là même qu'il s'eft trouvé des
femmes blanches engendrer des enfans
noirs, femblables aux Ethiopiens, pour
avoir contemplé trop atentivement,
pendant qu'elles concevoient , ou auffi-tôt après avoir conçû , des Mores,
foit réellement ou en peinture. L'imagination eft fi forte dans quelques femmes , qu'elles envoient de leur cerveau à l'enfant qui fe forme dans leurs
entrailles , les corpufcules des objets
externes qu'elles y ont reçûs ; deforte que ces images corporelles fe communiquent aux parties tendres de l'enfant , par une fuite de nerfs qui viennent du cerveau de la mere.

2. Bien

2. Bien que les bêtes femelles aïent des ames incomparablement moins mobiles que les femmes, les Naturalistes nous font pourtant remarquer qu'elles ont assez de force pour faire ces impressions sur leurs petits : car si l'on envelope d'un mouchoir blanc le col d'un paon qui couve, ou que l'on peigne de diverses couleurs les œufs d'une poule, qui couve aussi, les petits du paon deviendront tous blancs, & les poulets tout bigarrez.

Mais parce que l'imagination de la femme est beaucoup plus vive que celle de ces animaux, elle communique aussi plus fortement à son enfant ce qu'elle s'est une fois vivement imaginé : desorte que si elle pense vivement à son amant, à son oncle, ou à son grand-pere lorsqu'elle conçoit, l'enfant qu'elle engendrera sera tout semblable à l'une de ses personnes.

3. La ressemblance n'est pas une preuve de filiation, selon le sentiment des mêmes Jurisconsultes. L'enfant qui ressemble à son pere n'est pas pour cela légitime. L'on ne sauroit sur cette

conjecture le déclarer héritier de son
pere. Sa mere, dans des embraffemens illégitimes, a pû l'avoir engendré
avec cette reffemblance par la force de
fon imagination : car en penfant toujours à fon mari lorfqu'elle étoit entre
les bras de fon amant, elle a imprimé fur
le corps tendre de l'enfant, qu'elle concevoit alors, les traits du corps & tous
les caractéres de l'ame de celui fur lequel fon imagination étoit fixement
arrêtée. Sans doute que ce fut la même caufe pour laquelle un Cuifinier de
Rome reffembloit fi bien à *Pompée le
Grand*, que plufieurs le prenoient pour
ce grand Capitaine.

On peut dire à tout cela, qu'il eft
vrai que notre ame étant liée à notre
corps auffi étroitement qu'elle l'eft,
peut faire fur nous de violentes impreffions ; l'expérience de tous les
jours nous en donne affez de preuves.
Mais je ne faurois me perfuader que
l'action de cette même ame foit capable de produire les reffemblances dont
il s'agit. Ceux qui le foutiennent, ne
fe fondent que fur de vaines obfervations ;

tions; fur des preuves imaginées, & fur
des raifonnemens mal établis. Car
que peut l'imagination d'un paon ou
d'une poule fur des œufs qu'ils n'ont
pas pondus ? L'ame de ces deux efpéces d'animaux eft fi peu active , qu'il
n'y a pas d'aparence qu'elle pût agir
hors d'eux - mêmes , & imprimer fur
des œufs étrangers des caractéres qu'elle fe feroit figuré , fi l'on peut parler de
la forte.

S'il naît tous les jours des poulets
bigarrez dans les fours d'Egypte , &
que nos poules en faffent éclore de
mêlez , fans que les œufs aïent été auparavant peints : peut-on affurer que
c'eft l'imagination de fes animaux qui
eft la caufe de la variété du plumage
de leurs petits ?

Les taches , de quelque couleur
qu'on les remarque aux enfans , ne
viennent pas non plus de l'imagination
de la mere , ainfi que nous l'avons obfervé ailleurs. L'imagination n'a point
un pouvoir fi violent , que d'imprimer
des caractéres fur un corps étranger :
car lorfqu'un enfant fe forme dans les

flancs

flancs de fa mere, il n'agit que par fui-
même, & alors il n'a befoin d'elle, que
comme une femence a befoin de la
terre. Comment donc peut-on comprendre qu'une femme groffe de deux,
de trois ou de quatre mois, aïant un
apetit défordonné de manger, par
exemple, des mûres, & fe mettant
alors fortement ce fruit dans l'imagination, puiffe communiquer à fa main
la vertu d'imprimer fur l'endroit de
fon corps où elle fera pofée, la reffemblance de ce fruit, qui paffant de-là, fans
s'arrêter, & fe mêlant parmi fon fang,
fes efprits & fes fucs qui coulent alors
inceffamment à fes parties naturelles,
puiffent être imprimées fur le corps de
l'enfant au même endroit que la mere
aura touché le fien ? En vérité l'imagination des hommes a ici plus de force
que celle des femmes, & ce n'eft que
celle des premiers qui a inventé ces
fortes de raifonnemens : ils n'ont pû
trouver de caufe naturelle de ce qui arrive ; ils en ont allégué d'aparentes,
pour ne demeurer pas court, aïant à
rendre raifon de cet éfet. Car de s'imaginer

giner qu'il y a une fuite de nerfs qui viennent du cerveau de la mere, & qui s'implantent dans le corps de l'enfant pour lui porter les corpufcules des objets externes, & pour lui imprimer les marques de ces mêmes objets, c'eft ce que l'Anatomie ne nous a pas montré jufqu'ici.

Mais il eft bien plus vraifemblable de dire que ces marques font des inégalitez des défauts de la matiére dont nous fommes formez, que l'ame qui a ménagé le petit corps de l'enfant n'a pû en aucune façon corriger, ou plûtôt que ce ne font que des contufions que le corps tendre de l'enfant a reçûes dans le commencement de fa vie. Et comme le fang eft une fois forti des veines par quelques coups, ou de la mere ou de l'enfant, ne fe diffipe pas alors entiérement, les parties qui le reçoivent en demeurent toujours tachées.

Pour goûter bien ce fentiment, l'on n'a qu'à faire réflexion fur toutes les marques que les enfans aportent du **ventre de leur mere**, & l'on obfervera

X 3　　tou-

toujours qu'elles ont du rouge. Il n'eſt pas poſſible que les femmes groſſes n'aïent jamais ſouhaité ardemment que de manger des choſes de cette couleur ; nous voïons tous les jours le contraire, & leur apétit déréglé eſt auſſi-bien pour des choſes vertes, jaunes noires ou blanches, que pour des rouges. Cependant on n'obſerve preſque jamais aucune de ſes couleurs-là imprimées ſur la peau de leurs enfans.

Mais encor, n'eſt-ce pas une pure fable, que de dire qu'il y a eu des femmes blanches & mariées avec des hommes blancs, qui par la force de leur imagination aïent fait des enfans noirs ? Elles n'avoient pas ſans doute le ſecret de *Julie* fille d'*Auguſte*, qui ne faiſoit jamais d'enfans qui ne reſſemblaſſent à ſon mari, quoiqu'elle fut careſſée par pluſieurs autres ; parce qu'elle ne ſoufroit point leurs careſſes qu'elle ne fut groſſe de lui.

Pour moi je me perſuade aiſément que les femmes ont beaucoup contribué à introduire cette opinion, ſur la cauſe de la reſſemblance des enfans, afin

afin de fe couvrir des fautes qu'elles commettent très-fouvent, & qu'enfuite des perfonnes habiles & politiques, aïant confidéré que ce fentiment étoit affez favorable pour le bien & pour la tranquilité de l'Etat, ont cherché des raifons pour l'apuïer.

Mais bien loin que l'imagination de la femme foit la caufe de la reffemblance, il eft même impoffible qu'elle puiffe produire les éfets que l'on fe perfuade.

1. Tout le monde fait quels tranfports fent une femme dans fes parties amoureufes quand elle eft careffée; il femble alors que la chaleur naturelle l'abandonne pour y courir avec précipitation. Son imagination n'eft alors fixée fur aucun objet qui puiffe la détourner; & fi elle eft arrêtée fur quelqu'un, c'eft affurément fur celui qui eft préfent.

Quoique la peur trouble en quelque façon fes voluptez, & qu'elle faffe quelqu'impreffion fur fon ame, lorfqu'elle s'abandonne à des libertez illicites, elle prend néamoins fes précautions

tions de telle forte, qu'elle peut jouir en affurance de fes plaifirs amoureux. Si elle ne peut avoir cette force d'efprit, & que la crainte la trouble, bien loin de faire un enfant femblable à celui que la peur reprefente à fon imagination, elle fait un avorton, qui manque de ce qu'il lui faut pour être formé : car fon ame étant ailleurs, & fon efprit étant dans un mouvement irrégulier, elle ne peut concourir entiérement à la génération d'un enfant parfait. C'eft delà même qu'il arrive que les grands hommes font quelquefois des enfans qui font indignes d'être leurs fils ; parce que l'ame des peres étant ocupée à de grandes afaires, ils ne communiquent pas affez de chaleur ni d'efprits à leur femence, qui eft ainfi la caufe d'un enfant diforme ; ce que nous examinerons en particulier au chapitre fuivant.

2. D'ailleurs, s'il eft vrai que l'imagination foit la caufe de la reffemblance ; pourra-t-on dire que les mouches, ou que les plantes mêmes ont de l'imagination, pour engendrer ce qui leur

leur eſt ſemblable? Une mouche à miel,
par exemple, a la même figure & les
mêmes inclinations que celles qui
l'ont engendrée, & celle-ci eſt ſi ſemblable, qu'il eſt impoſſible qu'on ne les
prenne l'une pour l'autre. Cependant
peut-on dire que c'eſt l'imagination
de ces animaux qui eſt la cauſe de leur
reſſemblance?

3. D'autre part, l'imagination de la
femme doit avoir été vivement frapée
par les objets, dont elle doit faire l'impreſſion ſur le corps de l'enfant qui ſe
forme dans ſon ſein. Mais ſi cette femme n'a jamais vû ſon grand-pere, ou
qu'elle n'ait jamais ouï parler des défauts de ſes ancêtres, pour ſe les repreſenter fortement à l'imagination,
comment pourra-t-elle faire un enfant
louche, borgne, boiteux, ou piébot?
Cependant l'hiſtoire nous aprend qu'il
y avoit autrefois des familles à Rome
qu'on ne diſtinguoit que par les défauts de leurs ancêtres, qui étoient *So-*
rabons, *Conclues* ou *Scaures*. Et à Sur-
géres, dans notre voiſinage, il y a un
muet qui eſt fils d'un homme qui parle,

le , & petit-fils d'un autre muet.

Je connois une femme boiteufe du pié droit, qui fit fa premiére fille incommodée du même pié ; cependant elle m'a fouvent proteflé qu'elle n'avoit jamais penfé à fon incommodité pendant qu'elle concevoit, ni durant toute fa groffeffe. Auffi eft-il certain que fon défaut eft peu fenfible , & qu'elle y eft tellement acoûtumée, qu'elle n'y penfe prefque jamais.

Les petits hommes du Septentrion ont tous les cuiffes courbées en dedans ; mais ce n'eft pas fans doute l'imagination de leur mere qui les rend femblables à leurs ancêtres ; c'eft plutôt quelque chofe d'interne & d'effentiel que nous découvrirons ci-après. Car de s'aller imaginer que le caprice d'une femme puiffe forcer les principes dont l'ame fe fert pour agir naturellement, j'avouë que c'eft ce que je ne faurois comprendre.

4. Au refte , fi l'imagination eft la caufe de la reffemblance externe , elle doit auffi être une caufe univerfelle & agir inceffamment de la même façon
dans

dans tous les particuliers ; deforte que
les enfans dévroient toujours naître
femblables à ceux que la mere s'eft
fortement imaginé. Si elle a penfé, par
exemple, à un Héros, l'enfant qui en
naîtra aura la figure de la perfonne
imaginée ; & cependant nous voïons
tous les jours le contraire, & nous
fommes témoins qu'un enfant reffemble à fon frére, à fon oncle, ou à fon
bifaïeul, en qui la mere n'aura pas penfé, ni au moment de la conception,
ni même après fa groffeffe.

5. Après-tout, pour faire une reffemblance, il faut que toutes les petites parties qui doivent concourir à
compofer un enfant, foient tellement
difpofées pour une groffe tête ; par
exemple, pour un nez aquilin, pour
de gros yeux noirs, & pour tout le refte du corps, que nous remarquions
dans un enfant une figure femblable à
celle de fon aïeul. Ce n'eft point à l'i-
magination de la mere, qui eft une faculté animale, comme l'apellent les
Médecins, à former ainfi un corps &
à en obferver toutes les dimenfions ;
elle

elle manque d'instrument pour cela,
& n'a d'empire que sur ce qui lui apar-
tient. La formation d'un enfant ne peut
être que l'action de l'intelligence, qui
se sert de l'ame pour lui donner la figure convenable. C'est donc à cette ame
à donner la forme externe, & à chaque
partie & à tout le corps même. Et ce
seroit une chose ridicule, que la faculté formatrice de l'ame, qui n'est autre
chose que l'ame même, composât une
partie, & que d'un autre côté l'imagination qui n'en est qu'une faculté, lui
donnât la figure. La Boulangére qui
mourut en cette ville, il y a quatre ou
cinq ans, à sa troisiéme couche dificile,
parce qu'elle ne se pouvoit délivrer
d'un enfant, qui avoit, comme son
pere, les épaules fort larges, ne mourut que par l'éfort qu'elle fit en tâchant
de le mettre au monde. Il ressembloit si
par faitement à son pere dans la largeur
de sa poitrine, que je ne puis croire
que cette conformation soit venuë de
l'imagination de la mere.

Sur ce principe, la mere de *Pierre*
Forestus, l'un de nos savans Médecins,
refu=

refusa en mariage , pour sa fille , un homme fort riche , parce qu'il étoit large d'épaules , dans la crainte que sa fille ne mourut en couche , par l'expérience qu'elle en avoit.

6. Mais encor est-ce l'imagination de la mere , qui a engendré dans les reins de son fils une pierre qui lui a été tirée à l'âge de cinq ans ? La mere a-t-elle jamais pensé à cette maladie , à laquelle le pere avoit des dispositions , quand à l'âge de 18. ans il fit cet enfant , puisque le pere même n'avoit point encor ressenti cette incommodité , dont il ne s'est aperçû qu'à l'âge de 50. ans ?

7. Enfin on ne peut atribuer à l'imagination de la mere , l'horreur qu'avoient deux fréres pour du fromage , puisque leur mere aimoit avec passion cet aliment : on dévroit plutôt atribuer cette répugnance à des causes internes & essentielles , puisque , selon la remarque de *Skenkius* , qui nous en fait l'histoire , leur pere ne pouvoit en soufrir l'odeur sans se pâmer.

Après tout cela , il faut donc dire

que ce n'eſt point l'imagination de la
mere qui eſt la cauſe de la reſſemblance des enfans, non plus que des inclinations & des maladies auxquelles ils
ſont ſujets : que c'eſt plutôt un pareil,
& je puis dire un même principe qui a
fait le corps du pere, qui travaille ſur
celui du fils, & que l'ame de celui-ci
imprime des caractéres ſemblables ſur
une matiére qui lui obéït, & qui a des
diſpoſitions à ces mêmes accidens.

Afin d'examiner de plus près cette
queſtion, on doit obſerver pluſieurs
choſes que je juge être néceſſaires
pour la bien entendre.

Premiérement, on doit remarquer
que la ſemence eſt animée de l'ame de
l'homme qui eſt communicative, comme nous l'avons expliqué ailleurs.

Secondement, que les ſemences de
l'homme & de la femme étant mêlées,
ont des mouvemens actuels & des
mouvemens en puiſſance : que les premiers ſont des puiſſances prochaines,
& que les autres ne ſont que des mouvemens éloignez.

En troiſiéme lieu, que la reſſem-
blan-

blance eſt eſſentielle ou accidentelle ; que la naturelle, procédant des princi-pes internes de l'enfant, eſt toujours certaine & conſtante : au lieu que l'ac-cidentelle ne l'eſt point.

1. Cela étant ſupoſé, examinons d'a-bord la cauſe de la reſſemblance du fils au pere, & de la fille à la mere, com-me la plus naturelle de toutes.

2. Recherchons enſuite la cauſe de la reſſemblance de la fille au pere, & du fils à la mere.

3. Obſervons auſſi la cauſe de la reſ-ſemblance que les enfans ont confuſé-ment avec leur pere & leur mere.

4. Découvrons encor pourquoi les fréres & les ſœurs ſe reſſemblent.

5. Voïons après cela la ſource de la reſſemblance des enfans aux grands-peres, aux biſaïeuls & aux oncles.

6. Examinons enfin pourquoi un en-fant ne reſſemble à aucun de ſes parens.

1. La cauſe de la reſſemblance du fils au pere, & de la fille à la mere, ne peut être priſe que des principes in-ternes qui ſervent à former ces enfans ; c'eſt-à-dire, des ſemences de l'homme

& de la femme, qui étant unies enfemble ne font qu'un corps, fur lequel l'ame, qui eft l'autre principe, venant à agir, fe fabrique un domicile pour fa demeure.

Je le dis encor une fois; je ne parle point ici de l'ame immortelle, qui ne fe communique jamais, & qui ne fait point de reffemblances. Je parle feulement de l'ame maternelle, qui fert d'inftrument à l'intelligence, qui la fait agir felon fes ordres.

Les efprits ou l'ame qui réfide dans la femence de l'homme, s'étant donc mêlée avec l'ame qui eft dans la femence de la femme, lorfque la conception s'acomplit, & ne faifant alors qu'un même compofé, travaille en qualité de principe fur la matiére la plus terreftre & la plus épaiffe de la femence de l'un & de l'autre fexe. Et parce que la femence d'une femme peut être d'un tempérament chaud & fec, qu'elle a les parties de fa matiére preffées les unes auprès des autres, & qu'elle ne manque pas d'efprit pour produire un mâle, la femence de l'homme lui im-

pri-

primant fon caractére, fait un mélange
qui a toutes les qualitez convenables à
former un garçon : car l'ame qui eſt
dans la femence de l'homme, aïant le
mouvement fort prompt & fort actif,
l'emporte fur l'ame qui eſt dans la femence de la femme & fait ainſi obéïr la
matiére fur laquelle elle travaille : ſi
bien, que celle-ci étant pénétrée par
celle-là, il ſe fait un mélange dans la
boule où ſe forme l'enfant, qui cauſe
la reſſemblance qu'a cet enfant avec
ſon pere.

Si l'on mêle du levain bien aigre
parmi de la pâte, le pain qui en fera
fait fentira l'aigre, quoique le levain y
foit entré en beaucoup plus petite
quantité. Tout de même, l'ame qui eſt
dans la femence du pere, ou, ſi l'on
veut, les eſprits qui y réſident étant
fort pénétrans, fe font connoître dans
le mélange qui fe fait de deux femences. Et c'eſt ce qui arrive toujours felon les loix de la nature, que le fils eſt
femblable au pere, & la fille à la mere ;
autrement, felon le fentiment d'*Ariſto-*
te, ce feroit un eſpéce de monſtre,

Y 3

s'ils

s'ils ressembloient à quelqu'autre personne.

Le projet de l'enfant aïant donc reçû la complexion du pere, par les impressions qu'a fait sa semence, sur la semence de la femme, se perfectionne tous les jours par ces mêmes principes. Si le pere, par exemple, est bilieux & mélancolique, qu'il soit haut & prompt, & qu'il ait avec cela la voix grosse & de bonnes inclinations ; une portion de son ame, qu'il communique à son enfant par le moïen de sa semence, portera par tout avec elle ces qualitez qui en sont inséparables. Elle dilatera & étendra la matiére des os : elle produira de la chaleur & de la sécheresse dans les principales parties ; elle causera, en un mot, un tempérament bilieux & mélancolique : enfin la partie de la semence du pere, qui n'est autre chose qu'une portion de son ame, avec sa partie grossiére, dont le corps est en partie formé, l'emportant sur l'ame, la matiére qui est dans la semence de la mere, est la source de la ressemblance qu'a un garçon avec
son

son pere , non - seulement d'espéce , mais encor de sexe & d'individu.

Il en arrive ainsi de la ressemblance qu'a une fille avec sa mere : car la matiére qui est renfermée dans une boule , étant d'une complexion froide & humide , si on la compare à la matiére dont un garçon est formé , ne peut servir qu'à faire une fille , principalement si la semence de l'homme est foible & languissante & qu'elle aproche du tempérament de celle de la femme , l'ame aïant une force dominante prend le dessus sur l'ame de la semence de l'homme , & étant unies ensemble , impriment sur la matiére , qui est disposée à recevoir son caractére féminin , des marques de ressemblance avec la femme dont elle procéde. Desorte que si la femme est d'un tempérament froid & humide , qu'elle soit pituiteuse & sujette aux fluxions , que ses passions soient modérées & ses mœurs raisonnables ; l'ame qui agit fortement sur la matiére du projet de l'enfant , produira aussi les mêmes éfets dans la fille qui doit naître. Car si le tempéra-

ment

ment de la mere eſt la cauſe de tout ce
que nous remarquons en elle ; que
ſes mœurs & ſa ſanté en ſoient des
éfets, & que la diſpoſition de l'ame &
de la matiére de la ſemence ſuive auſſi
par néceſſité ce même tempérament,
on doit ſans doute aprendre que la fille ſoit ſemblable à ſa mere & qu'elle
ait les mêmes inclinations, puiſqu'elle
poſſéde plus de ſon corps que de l'ame
& du corps de ſon pere. L'ame de la
ſemence du pere, & ſa ſemence même, n'a ſervi dans cette ocaſion qu'à
rendre la ſemence de la mere prolifique & à augmenter la matiére du projet. Elle a ſoufert, pour ainſi dire,
plus qu'elle n'a agi, & l'on diroit même que le pere n'a rien contribué
pour faire cette fiile, tant elle reſſemble à ſa mere dans les qualitez du corps
& dans les paſſions de l'ame.

2. Mais ſi la fiie reſſemble au pere,
& le fils à la mere, ce qui arrive ſouvent, on doit concevoir d'une autre
façon la cauſe de la reſſemblance indi-
viduelle. Si le pere, par exemple, eſt
grand & gros, s'il eſt ſanguin & pituï-
teux,

teux, qu'il ait la chair molaſſe & les
actions lentes : ſi la mere, au contraire, eſt petite, ſéche & bilieuſe, prompte
& agiſſante, & qu'elle ait la chair ferme;
il peut arriver, & arrive même tous
les jours, que la fille reſſemblera au
pere, & le fils à la mere.

La ſource de cette reſſemblance eſt,
que l'ame & la matiére qui ſervent à la
conception, ſont la cauſe de la reſſemblance, lorſque l'une ou l'autre ſemence fait paroître dans le mélange de
la ſormation ſes qualitez premiéres
& ſecondes. Je pourrois dire, pour
éclaircir ceci, que l'ame & la matiére
de la ſemence de l'homme étant con-
formes à ſes principes, c'eſt-à-dire,
étant froides, humides, lentes & pi-
tuiteuſes, comme eſt celui d'où elles
procédent, elles dominent ſur l'ame &
ſur la ſemence de la femme, & par leur
matiére & par leurs qualitez; ſi bien
que l'ame qui eſt dans la ſemence du
pere, aïant ſouvent des mouvemens
très-actifs & très-pénétrans, s'empare
de l'ame de la ſemence de la mere, &
par ce mélange il ne ſe fait qu'un corps
ſub-

fubtil , dont la partie dominante re-
tient toujours le parti de la complexion du pere : l'ame dominante imprime donc fon caractére féminin fur
l'enfant, qui doit fe former dans les entrailles de fa mere , & rend cette fille
femblable à fon pere. Elle eft grande
& groffe comme lui ; elle eft lente dans
fes actions ; fes yeux font bien fendus,
fes régles font abondantes ; enfin elle
eft pituiteufe & fanguine comme fon
pere.

Mais fi le pere ne donne que fort
peu de femence , qui ne ferve feulement qu'à faire fermenter la femence
de la femme , pleine de feu & d'efprits,
il naîtra de ce mélange un garçon ;
qui aura le tempérament de la mere ,
la même figure , & les mêmes inclinations. Il fera petit comme elle , & il lui
fera tout femblable , fi l'on excepte le
fexe. Car cette femme étant d'une
complexion chaude & féche , fi nous
la comparons à fon mari , imprime fur
le projet de fon enfant un caractére
mafculin qui fe feroit toujours connoître, à moins que la femence du pere ne
dé-

détournât l'inclination de la nature.

3. Il n'en arrive pas ainsi lorsque les enfans ressemblent & à leur pere & à leur mere tout ensemble. Les femences des deux sexes sont alors tellement égales en matiére, en force, & en qualité, que l'enfant a des parties de l'un & de l'autre, ou bien il a une partie semblable à la même partie du pere, & il en a une autre qui ressemble à une partie de la mere. Cet enfant, par exemple, avec le nez de son pere & la bouche de sa mere, a la poitrine de sa mere & le foïe ou l'estomac de son pere. En un mot, il sera sujet aux incommoditez de l'un & aux passions de l'autre.

La cause de cette ressemblance, n'est autre chose que le mouvement diférent des diférentes parties de la femence de l'homme & de la femme; & s'il est vrai que la femence coule des principales parties de l'un & de l'autre, & qu'avec cela elle soit animée, ainsi que nous l'avons prouvé, il me semble qu'on ne doit point avoir de peine à concevoir comment une partie

tie d'un enfant reſſemble à une partie
de ſon pere, & qu'une autre partie de
ce même enfant reſſemble à une partie
de ſa mere. Car comme la portion de
la ſemence qui coule, par exemple,
de la tête du pere ou de la mere, fait
des mouvemens diférens, l'une & l'autre portion étant mêlées, ſans pourtant être confonduës ; l'intelligence
qui a ordre de la nature de former un
enfant, trouvant une matiére diſpoſée
à former la tête d'une telle ou d'une
telle façon, par la victoire d'une ſemence ſur l'autre, travaille ſur cette
même matiére, ſelon les ordres qu'elle a reçus. Mais comme elle rencontre
beaucoup de matiére dans la portion
de la ſemence qui doit ſervir à faire le
nez, & qu'outre cela cette matiére a
encor des mouvemens forts & actifs,
elle forme par le moïen de l'ame qui
lui obéït toujours, cette partie de l'enfant ſemblable à celle de ſon pere ;
c'eſt-à-dire, elle fait un nez gros &
aquilin.

Il en arrive de même dans la formation des autres parties du corps de cet

ell-

enfant ; fi bien , que fi la portion de la
femence qui eft deftinée à former le
cœur & la poitrine , tient plus de la
matiére & de l'ame de la femence de la
mere , l'enfant à venir fera fujet aux
mêmes paffions & aux mêmes incommoditez que la mere. Enfin , felon les
divers mouvemens forts ou foibles que
le projet aura reçu , l'enfant aura quelques parties femblables à celles de fon
pere , & quelques autres à celles de fa
mere.

4. C'eft encor la même caufe qui
rend les jumeaux & les jumelles femblables les uns aux autres. Car fi nous
faifons réflexion fur ce que nous avons
dit au *chap.* 3. de ce Livre , nous ferons
perfuadez que la femence de l'homme
fe communiquant prefque dans un
moment , a beaucoup de petites boules que la femme conferve dans les
conduits de fa matrice ; elle leur imprime fon caractére , & fait les mêmes
impreffions fur les unes que fur les autres ; fi bien que s'il s'y trouve de la
diférence , foit pour le fexe foit pour
l'individu , cela vient plutôt de la fem-

me que de l'homme ; car pour la femence de l'homme, elle fe partage à
plufieurs boules de l'un ou de l'autre
côté de la matrice, quand il y a des difpofitions pour l'y recevoir, & faifant
les mêmes impreffions fur les unes que
fur les autres, elle caufe ainfi la reffemblance des jumeaux & des jumelles.

5. Mais il n'en eft pas de même quand
les enfans reffemblent à leur grand-pere ou à leur bifaïeul. La nature ne fait
point alors agir l'ame par des mouvemens actuels & prochains, elle ne la
fait agir que par des mouvemens en
puiffance, & ne fait point reprefenter
les perfonnes dont l'ame procéde,
mais celle dont elle a été produite. Ces
trois enfans, qui dans la famille des *Lé-*
pides à Rome, nâquirent loin les uns
des autres, avec une membrane qui
leur couvroit un œil, font des preuves
autentiques de ce que j'avance.

Pour comprendre bien cela, on doit
être perfuadé que les reffemblances
que nous avons avec nos Ancêtres font
en puiffance dans notre femence, par
l'ame & les humeurs qu'ils nous ont
com-

communiquées , fi bien que s'il y a
quelque caufe accidentelle , qui empêche un enfant de reffembler à fon
pere ou à fa mere , on doit croire qu'il
repréfentera l'un de fes parens , dont
l'idée eft demeurée dans l'ame du pere
& de la mere. Car s'il eft vrai que mon
ame foit venuë de mon pere , & que
l'ame de mon pere foit fortie du fien,&
ainfi toujours en remontant , par le
commandement que Dieu fit à fa nature au commencement du monde , felon la remarque de *Tertullien* , je pourrai dire , que mon ame porte avec elle
le caractére & l'idée de tous ceux par
lefquels elle a paffé. Et fi la femence
communique fucceffivement à plufieurs particuliers à peu près le même
tempérament , quelle dificulté y a-t-il
à croire qu'un enfant peut reffembler à
fon bifaïeul, non-feulement felon la figure de fes parties externes , mais encor felon fes paffions & fon humeur?
Une pierre d'aiman touchant un morceau de fer , lui communique fa propre vertu , & puis ce morceau de fer
agit avec une pareille activité que la

Z 2   pier-

pierre même. Ainſi il arrive ſouvent
que la ſemence du ſils ſait de pareilles
impreſſions que ſeroit la ſemence du
pere. C'eſt dequoi on ſera plus pleinement perſuadé par la queſtion que
nous allons examiner ; ſavoir , pourquoi un enfant ne reſſemble à aucun
de ſes parens.

6. Il n'eſt pas beſoin de répéter ici
ce que nous avons dit ci-deſſus, de la
cauſe de la reſſemblance qu'ont les enfans avec leur pere ou avec leur mere ;
nous avons prouvé aſſez évidemment ,
ce me ſemble , que la portion de l'ame
de l'homme & de la femme , qui acompagnoit la ſemence de l'un & de l'autre ſexe , & que le tempérament qui
en étoit inſéparable , étoient la cauſe
de cette reſſemblance ; & que c'étoit
d'où venoit l'éſigie , les paſſions de l'a-
me , la ſanté , les maladies qui faiſoient
reſſembler les enfans à leurs ancêtres.
Nous avons encor ſait remarquer que
cette reſſemblance étant naturelle , ne
pouvoit venir que d'un principe interne , & que ſi elle manquoit quelquefois à paroître , il falloit en atribuer le
chan-

changement à des caufes étrangéres,
qui troublent fa nature dans fon action,
& qui détournent les mouvemens libres qui fe trouvent dans la femence
du pére ou de la mere.

En éfet, fi ces mouvemens font un
peu interrompus par des caufes étrangéres, les enfans naiffent femblables à
leur grand-pere ou à leur bifaïeul, felon l'obfervation qu'en a fait *M. Bé-
gon*, Intendant de cette Province, l'un
des fages hommes & des plus curieux
que je connoiffe. Il m'a dit qu'il avoit
remarqué aux Antilles des enfans jumeaux engendrez par des Métifs, que
l'on nomme Muiâtres, dont les uns
étant blancs, avoient les cheveux longs,
& les autres étant noirs, avoient les
cheveux crêpus, & que cette reffemblance ne pouvoit venir que de leurs
ancêtres qui avoient été de ces efpé-
ces-là. Car, ajoûtoit-il, il y a autant
d'efpéces d'homme qu'il y a d'efpéces
de chien. Mais *Voffius*, qui a obfervé
qu'en Afrique il naiffoit un enfant blanc
d'un pere & d'une mere Négres, &
que ces productions diférentes ve-

noient

noient plutôt de la vérole de leurs parens, qui faisoient un ladre, que de la
ressemblance de leurs ancêtres, dit
aussi que ces enfans étoient foibles &
languissans de vûë, & 'ne voïoient
qu'au clair de la lune. S'ils sont beaucoup interrompus, ils ressemblent à
leurs parens en ligne collatérale. S'ils
sont forcez & agitez, ils ne ressemblent
ni aux uns ni aux autres, mais seulement à l'espéce de l'homme. Enfin si
ces mouvemens sont entiérement iné-
gaux, & qu'ils trouvent une matiére
brouillée & désunie, il en vient des
hermaphrodites & des monstres.

Le suc dont l'enfant se nourrit d'a-
bord, le sang des régles par lequel il se
perfectionne, les passions de l'ame de
sa mere, le lieu large ou étroit où il demeure pendant neuf mois, les alimens
dont il use après être né, l'habitude
qu'il prend pour ses mœurs, par les
exemples qu'il imite, sont de puissantes causes, que je pourrois apeller
étrangéres, qui troublent quelquefois
les mouvemens directs de la nature &
qui l'empêchent de faire des impressions

fions naturelles fur un enfant. La nature reffemble en cela à un Peintre, qui fait fouvent des tableaux par imitation; mais qui en fait auffi quelquefois par caprice.

Pour éclaircir davantage cette queftion, je puis dire que la femence étant animée, comme nous l'avons prouvé, porte avec elle des caractéres d'individu, & que ces caractéres étant des mouvemens actuels & prochains, ne manquent jamais à être communiquez au corps fur lequel ils font imprimez, comme il y a d'autres mouvemens éloignez qui ne portent point avec eux l'idée d'un particulier, mais qui portent en général la figure & la reprefentation d'un homme, il s'enfuit qu'aux moindres petits defordres qui arrivent dans la génération, le pere ou la mere peut engendrer par ces derniers mouvemens un enfant qui reffemble à un homme, mais qui n'aura aucune reffemblance avec ceux qui l'auront engendré.

L'imagination de la mere trouble plutôt l'action de la nature qu'elle ne con-

contribuë à la reſſemblance. J'avouë
cependant qu'elle a quelque pouvoir
ſur ſes eſprits & ſur ſes humeurs ; & ſi
elle ne ſait point d'impreſſion ſur le
projet d'un enfant qui ſe gouverne par
lui-même dans ſes premiers jours de
vie , elle en ſait du moins ſur le ſuc
nourriſſier ou ſur le ſang des régles,
dont l'enfant ſe nourrit dans les flancs
de ſa mere.

On ſait quels changemens & quels
deſordres cauſent les alimens au commencement de notre vie. Comme ils
entretiennent notre chaleur , quand
ils ſont bons , ils la détruiſent quand
ils ſont mauvais. J'atribuë l'embonpoint de certains peuples à l'uſage du
lait , du beure & du fromage , & à un
air froid & humide qu'ils reſpirent ; au
lieu que l'on en remarque d'autres qui
ont une toute autre figure , parce
qu'ils vivent dans un air tout opoſé à
celui-là , & qu'ils uſent d'autres alimens.

Enfin il y a quantité d'autres cauſes
éloignées de notre tempérament & de
nos inclinations naturelles ; ſi bien
que,

que, quand l'âge nous met en état d'ê-
tre comparez à notre pere ou à notre
mere, nous nous trouvons alors fort
diférens, soit par notre faute, ou par
la faute de ceux qui ont eu soin de notre éducation.

Ainsi j'ose conclure hardiment, qu'à
moins qu'il n'y ait des causes acciden-
telles & éloignées, qui changent la
ressemblance que nous devons naturellement avoir avec ceux qui nous
ont engendrez, nous leur sommes fort
semblables. Les *Garamaniens*, qui n'é-
toient pas sauvages en ceci, faisoient
mourrir tous leurs enfans en commun
jusqu'à l'âge de cinq ans, & alors ils
donnoient à chacun les enfans qui lui
ressembloient le plus, jugeant par-là
qu'il étoit leur pere & qu'il étoit obligé d'en prendre soin. Ils croïoient
donc que la ressemblance étoit une
puissante conjecture de filiation, &
qu'elle procédoit de quelque principe
interne qui étoit invariable.

Pour moi j'avoüe que j'aurois mauvaise opinion d'une femme qui auroit
un enfant qui ressembleroit à l'un de
ses

ſes domeſtiques ; & ce ſeroit , ſelon
mon ſentiment , une preuve aſſez ſorte
pour le faire eſtimer illégitime ; au lieu
que s'il étoit ſemblable à ſon pere , ce
ſeroit ſans doute une grande conjecture
re pour la chaſteté de la mere.

CHAPITRE VIII.

Pourquoi il y a des enfans qui naiſſent foi-
bles ou imparfaits , & d'autres ſorts &
robuſtes.

S'Il eſt vrai que le mariage des Rois
a principalement en vûe le bien de
leurs Etats , il eſt juſte que celui de
leurs ſujets ait auſſi pour fin la gloire
de leurs Princes. Un Roi ne ſera jamais
en état de ſe défendre contre les inſul-
tes de ſes ennemis, bien loin de conqué-
rir des Villes & des Provinces, s'il a des
ſujets foibles ou imparfaits : au contraire , rien ne pourra réſiſter à ſa puiſſance , s'il en a de bien faits & de robuſtes.

C'eſt donc une choſe digne d'un
Roïaume bien policé, de régler tellement

ment ce qui concerne les mariages, que tous ceux qui y naissent, puissent un jour être capables de soutenir les entreprises de celui qui y commande.

Si nous pouvions découvrir la cause qui fait qu'il y a tant de personnes petites, valétudinaires ou contrefaites, & en même-tems ce qui fait les hommes forts & robustes, spirituels & adroits; ce seroit, ce me semble, un moïen assuré pour remédier aux désordres qui n'arrivent que trop souvent dans les familles & dans les Etats, par la négligence qui se remarque dans les mariages & par les abus qui s'y commettent tous les jours.

Si le Roi *Archésilaüs* n'eût épousé une femme jeune & petite, jamais les Lacédémoniens, ses sujets, n'eussent eu pour lui tant de mépris ni tant d'indiférence. Car quelle aparence qu'une telle femme eut pû fournir assez de matiére pour former un enfant d'une taille avantageuse? Ses entrailles auroient été trop pressées & ses flancs trop resserrez, pour s'élargir comme il faloit, & elle n'auroit pas eu assez d'humeurs

pour

pour lui communiquer la nourriture
dont il auroit eu befoin. Cet enfant auroit été un nain comme fa mere , &
puis il auroit été un objet de mépris &
la haine des peuples , & un fujet indi-
gne d'être le fils d'un Roi.

En éfet , une petite femme de douze ans , ou quand même elle feroit
plus âgée , a les flancs trop ferrez &
les parties de la génération trop petites pour y contenir durant neuf mois
un enfant de belle taille;& bien loin de
le porter jufqu'au bout de fa groffeffe ,
elle feroit contrainte d'acoucher avant
que toutes les parties de l'enfant fuffent acomplies. Mais encor fi le mari
& la femme font fort jeunes & d'un
même âge , la femence de celui - là
n'augmentera prefque pas la matiére
de la boule où l'enfant dévra être formé. Elle ne communiquera feulement
que fes efprits fermentatifs pour la génération , & ainfi l'enfant fera toujours
foible , languiffant & petit.

Les petites perfonnes viennent encor d'une autre caufe ; car fi le pere
& la mere font d'un tempérament ex-
trême-

trémement lafcifs., l'expérience fait
voir que les enfans qui en naiffent ne
peuvent être grands. L'amour de deux
jeunes perfonnes mariées les embrâfe
fouvent de telle forte, qu'il ne fe paffe point de jour que cette paffion violente ne les agite & ne les épuife. Et
fi par hazard il naît quelqu'enfant de
ces embraffemens réïtérez, ce ne font
que des nains & des enfans foibles,
qui n'ont pas eu dans les flancs de leur
mere affez de matiére pour y être bien
formez. On fe joint trop fouvent l'un
à l'autre pour avoir de la femence bien
cuite & bien digérée ; & ainfi le mari
ne communique à fa femme que fort
peu de matiére pour la génération, &
encor eft-elle mal conditionnée. La
femme, de fon côté, n'a que de très-
foible femence , puifque l'amour l'o-
blige à la répandre plutôt qu'il ne faudroit. Ce peu de matiére donc qui
fert à former cet enfant, ne peut fervir
qu'à faire des parties trop petites, pour
être jamais les parties d'un corps bien
proportionné.

Si les perfonnes mariées imitoient

la

la chasteté d'un Roi des *Palmyréniens*, & de *Zénobie* sa femme, nous aurions aussi beaucoup plus d'hommes grands, spirituels & robustes que nous n'en avons. On raporte que cette Princesse étoit si modérée dans sa passion, qu'elle ne s'aprochoit jamais de son mari que pour en avoir des enfans, & que pour cela elle atendoit toûjours le tems de ses régles pour connoître si elle étoit grosse ou non. Si ses régles paroissoient, elle retournoit incontinent après entre les bras du Roi, afin d'obéir plutôt aux ordres de la nature qu'à sa propre passion. Et si les régles ne venoient point, elle se passoit pendant sa grossesse des plaisirs du mariage, que la plûpart des femmes souhaitent alors avec tant d'ardeur.

C'est le véritable moïen de faire des enfans forts & spirituels que d'en user de la sorte. Il semble que l'on se remarie toutes les fois que l'on se caresse après un assez long intervale. Il ne manque alors ni matiére ni esprits pour former un enfant bien fait, & l'expérience fait voir tous les jours que

les

les plus grands hommes font fouvent venus de conjonctions illégitimes. Jamais Rome n'auroit été la terreur de fes voifins, fi *Romulus* fon Fondateur ne fut né de la forte ; & jamais deux Villes confidérables de l'Europe n'euffent levé deux Statuës à l'honneur & à la mémoire d'*Erafme*, fi la naiffance ne lui eut donné de l'efprit.

En éfet, la femence a le tems de fe cuire & de fe perfectionner, les efprits s'y affemblent en plus grande foule, lorfque l'on fe careffe rarement. Les plaifirs de l'amour font même plus grands, quand on les prend avec modération, & ils ne dégoûtent pas comme ils font ordinairement.

Pour peu de fanté qu'aïent un homme & une femme, pourvû qu'ils obfervent tout ce que l'on doit obferver pour faire des enfans forts & fpirituels, ils ne manquent pas d'y réuffir : *Et nous ne voïons jamais guéres*, pour me fervir de la penfée d'un Poëte, *des Aigles fiéres engendrer de foibles Colombes.*

Mais fi dans l'excès de l'amour, la femme prend le deffus & n'obferve pas

tou-

toute la bienféance que l'on doit obferver quand on fe careffe amoureufement, on ne doit pas douter que cette pofture ne foit l'une des caufes des petites & foibles perfonnes : car puifqu'un homme lafcif, comme nous venons de le dire, ne répand à chaque fois que fort peu de femence ; fi d'ailleurs il ne garde pas une pofture convenable, le peu de matiére qu'il répandra ne fera pas reçuë où elle doit l'être, & ainfi il ne fe fera point de conception, ou s'il s'en fait, ce ne fera qu'un avorton ou un nain, qui n'aura rien d'avantageux, ni dans l'âme ni dans le corps.

Tout le monde fait que la vieilleffe eft froide & languiffante, & qu'elle n'a guéres de vigueur dans les embraffemens amoureux. Si l'on fait un enfant en cet âge-là, on doit croire pour l'ordinaire qu'il fera lent ou ftupide, fon pere n'aïant de matiére & d'efprits que pour lui donner feulement la forme d'homme ; à moins que fa mere, qui eft fouvent jeune & amoureufe, ne contribuë de fon côté

au

au génie de fon enfant, par l'abondance de fon feu & de fes efprits. Un cheval engendré d'un vieux cheval, n'eft
jamais agile, & les Ecuïers favent très-
bien qu'il n'eft pas fi propre au mané-
ge ni à la guerre que les autres. Mais
dans la fleur de l'âge, quand on ne
croît ni ne décroît plus, on a tout ce
qui eft propre à faire des enfans fpirituels & robuftes. C'eft pour cela, qu'au
raport de *Céfar*, les anciens Allemans,
qui ont toujours paffé pour des gens
forts, eftimoient que c'étoit une chofe
honteufe à un homme de connoître
une femme avant l'âge de vingt ans.

La mauvaife façon de vivre des peres & meres, eft encor l'une des caufes les plus communes de la foibleffe
des enfans. Jamais un homme débauché n'engendrera un enfant robufte &
vertueux ; & les incommoditez qui
acompagneront cet enfant pendant fa
vie, ne feront que des fuites affurées
& des marques évidentes des crimes
de fon pere & des foibleffes de fa mere. La ladrerie, la goute, les écroüel-
les, la ftupidité de l'efprit, & les autres

A a 3   fâ-

fâcheufes maladies, viennent fouvent
de la vie déréglée de ceux qui nous
ont engendrez. Nous héritons fouvent
de leurs incommoditez, & prefque jamais de leur vertu. Et comme le fang
de ces peres & meres eft tout plein de
cruditez & de pituite, toutes les parties qui s'en nourriffent, font auffi des
excrémens qui ont des ufages diférens
de ceux que la nature s'étoit propofez.
Les teſticules, pour ne m'arrêter qu'à
ces parties génitales, ne peuvent faire
d'un fang crud & froid, une bonne femence, qui foit enfuite la caufe d'un
enfant fain & vigoureux. Au lieu d'ê-
tre pleine d'efprits & de feu, d'avoir
une matiére écumeufe & raréfiée, &
d'être pure & tempérée, elle eft pituiteufe & pleine d'ordures ; ce qui ne
caufe que des défordres dans la génération.

Ceux qui s'étudient à avoir des enfans fains & fpirituels, obfervent entr'autres chofes, un tems qui ne foit
incommode ni pour eux, ni pour leurs
femmes ; fur-tout ils fe donnent bien
de garde, ainfi que nous l'avons re-
mar-

marqué, de les connoître pendant leurs
régles , ou peu de tems auparavant.
Car s'il arrive que la conception se
fasse , lorsque les régles sont prêtes à
couler , ou qu'elles coulent même ,
les ordures dont la matrice est alors
remplie , tachent & infectent la semence de l'homme , qui porte ensuite de
mauvaises qualitez dans le lieu où réside ordinairement la semence de la
femme , & où se fait la conception. La
génération s'y acomplit pourtant ,
mais la matiére qui sert à former l'enfant , n'étant pas pure & bien conditionnée , les parties qui en sont faites
en deviennent mal faites ; desorte que
dans la suite elles font fort mal leurs
fonctions , & rendent par conséquent
l'enfant valétudinaire & incommodé.
Nous n'avons sur cela que trop d'e-
xemples , si l'honnêteté & la bienséance me permettoient de les mettre
au jour.

On doit donc observer bien des
choses pour n'engendrer pas des enfans mal faits ; car si le corps a des défauts , quand on les néglige , l'ame aus-

fi n'en a pas moins. : & je fuis affûré que fi *Therfites* n'eût été fi laid, il n'eût point eu une fi méchante ame ; & il eft impoffible qu'une ame pût bien faire fes fonctions dans le corps d'un homme tel qu'étoit le fien. Il avoit le dos enfoncé, la tête pointuë, du duvet au menton, au lieu de barbe ; & avec cela il étoit boiteux & louche. Cette laideur eft une marque de tous les vices, au lieu que la beauté du corps eft l'image d'une belle ame, & le caractére d'un homme de bien, fi nous en croïons S. *Ambroife*.

Ce ne font point les aftres qui nous font fpirituels, robuftes, valétudinaires ou imparfaits. Ils font trop éloignez de nous. Et quoique le foleil & la lune aïent à la vérité plus de force que les autres, cependant ils n'agiffent fur nous que comme des caufes étrangéres, bien diférentes de celles qui nous font effentielles. Nous voïons tous les jours des enfans conçus au même afpect des aftres & à la même heure du jour, qui ont néamoins des inclinations toutes diférentes & des

corps

corps de diférente forme. J'avouë
pourtant qu'un enfant fera plus pru-
dent & plus fage, qui aura été formé
au printems ou en automne, & qu'un
autre fera plus prompt ou moins actif,
qui aura été conçu en été ou en hiver;
mais ces diverfes inclinations ne dépendent pas tant des aftres, que des
humeurs qui dominent en ces faifons dans le corps de leur pere ou de
leur mere.

Les enfans diformes & qui tiennent
du monftre, ne font conçûs que par
des caufes naturelles, quoiqu'en veüil-
lent dire quelques Docteurs. Ils dépendent de l'homme ou de la femme, ou
enfin de quelque alliance qui eft contre les loix de la nature.

Les Naturaliftes nous font remarquer, que fi un coq couvre une poule une feule fois, il rend plufieurs de
fes œufs féconds; & fi l'on regarde
de près ces mêmes œufs, l'on verra
dans quelques-uns deux jaunes, d'où
naîtront enfuite deux poulets, fouvent
féparez & quelquefois unis. Quelquefois auffi, mais plus rarement, il paroîtra

roîtra fur un jaune deux taches ou deux ongles, qui auront reçû en même-tems les impreffions génératives du coq; & je ne doute pas que ce ne foit de-là que naiffent les poulets diformes & qui aprochent du monftre.

J'en dis autant à proportion des enfans. Car fi la femence de l'homme touche plufieurs boules, qui aïent des difpofitions à en recevoir des impref-fions, elle les fait toutes fermenter & les vivifie au même moment; fi bien que de cette génération il naît plu-fieurs enfans, qui ont des envelopes diférentes, & qui ont auffi des arriére-faix particuliers. Mais s'il fe trou-ve dans une boule une matiére féparée en deux par une petite membrane, ou que cette matiére ait deux projets d'enfans, la femence de l'homme ne laiffe pas de les exciter toutes deux à la fois & de les animer, comme s'il n'y en avoit qu'un. Chaque partie de la boule reçoit les impreffions généra-tives de la femence de l'homme, & il en vient des jumeaux ou des jumel-les, qui étant féparez les uns des au-tres,

tres, & rarement unis, ont souvent un arriére-faix commun. Mais si deux boules sont unies, il se fait un monstre peut-être semblable à celui que je vis il y a un mois, qui avoit deux têtes, quatre bras, & deux piez seulement ; c'est la véritable cause, selon mon avis, de la génération des monstres.

La matrice peut encore contribuer à la diformité d'un enfant, selon le sentiment de quelques Médecins ; car étant cicatrisée d'un côté, & ne pouvant s'y dilater comme dans ses autres parties, il arrive qu'elle presse l'enfant du côté de la cicatrice & qu'elle lui cause par ce moïen une mauvaise conformation. Mais l'expérience nous aprend que les enfans sont imparfaits, qui sont élevez dans une matrice incommodée de la sorte.

Il y a encor d'autres sortes de monstres, qui se forment par le mélange des espéces diférentes. Les histoires que nous avons sur ce sujet, nous font croire que la chose est impossible. L'*Hippautore*, que le Cardinal de *Comitibus* mena de France en Italie, & qu'il donna

na

na enfuite au Cardinal *Scipion Borghèfe*, n'eft pas une hiftoire faite à plaifir. Tout Rome le vit & l'admira pendant trente-deux ans, après-quoi il mourut, faute de dents. Il avoit la tête de taureau, & le refte prefque femblable à un cheval. J'aprens qu'en Auvergne, & ailleurs, on fe plaît à avoir de ces fortes d'animaux, engendrez par un cheval & par une vache.

Si l'on doute du mélange des hommes avec les bêtes, l'on n'a qu'à jetter les yeux fur l'antiquité, & l'on y verra *Pafiphaé*, femme du Roi *Minos*, engendrer un Minotaure, par les plaifirs qu'elle prit avec un taureau. On y verra encor cette belle fille, nommée *Onofcélé*, engendrée d'un homme & d'une âneffe. Si ces deux exemples fentent un peu la fable, au moins celle de cette fille Tofcane, qui acoucha d'un animal, moitié homme & moitié chien, ne fera point fufpecte. *Volaterran* nous a laiffé par écrit, que ce monftre nâquit durant le Pontificat du Pape *Pie III.* & qu'il avoit les mains, les piez & les oreilles d'un chien, & le refte
d'hom-

d'homme. Ces monſtres ſont ſi véritables, que l'on m'a aſſuré qu'il en naiſ-
ſoit dans l'*Iſle Formoſe*, qui avoient la
figure d'homme, avec une queuë ve-
luë d'un poil roux, ſemblable à celle
d'un bœuf. Si cela étoit impoſſible,
comme quelques-uns ſe le perſuadent,
jamais l'Ecriture-Sainte n'auroit fait
une Loi là-deſſus, qui condamne à
mort, la bête & la femme qui s'y ſeroit ſoumiſe.

Il eſt donc aiſé de connoître la cauſe
des monſtres, ſans que je me donne la
peine de ne la point remarquer; car
s'il eſt vrai, comme je l'ai prouvé ailleurs, que la ſemence ſoit animée &
qu'elle vienne de toutes les parties du
corps des deux ſexes, comme l'expérience nous le fait voir, il me ſemble
qu'il n'en faut pas davantage pour découvrir la cauſe immédiate des inclinations & de la figure du corps des
monſtres.

Fin de la troiſiéme Partie.

TABLEAU
DE L'AMOUR
CONJUGAL.

✳✳✳✳✳✳✳✳✳✳✳✳✳✳✳✳✳✳✳✳✳✳✳✳✳✳✳✳✳✳✳

QUATRIE'ME PARTIE.

✳✳✳✳✳✳✳✳✳✳✳✳✳✳✳✳✳✳✳✳✳✳✳✳✳✳✳✳✳✳✳

CHAPITRE PREMIER.

ARTICLE I.

De l'impuiſſance de l'homme.

NOus ſavons que la génération des animaux parfaits ſuit
immédiatement la conjonc-
tion du mâle & de la femelle.
Que le mâle doit être dans un âge médiocre, ſelon ſon eſpéce, qu'il doit avoir
ſes

fes parties naturelles bien formées, &
avec cela joüir d'une fanté parfaite,
pour agir comme il doit dans cette action. Mais pour ne parler ici que de
l'homme, il doit être vigoureux, plein
de fang & d'efprits, & avoir tout ce
qu'il faut pour careffer amoureufement une femme; il doit encor com-
mander à fes parties amoureufes, qui
doivent lui obéïr, lorfqu'il eft queftion de faire fon devoir auprès d'une
femme.

S'il eft trop jeune ou trop vieux,
qu'il foit malade, ou qu'il ait quelque
défaut naturel dans fes parties principales ou amoureufes, il n'y a pas de
dificulté qu'on ne le puiffe taxer d'impuiffance. Car fi le membre viril eft
trop court ou trop petit, qu'il foit molet ou paralytique; que le trou par où
doit paffer la femence ne foit pas dans
le lieu où il doit être; que d'ailleurs
un homme foit trop gras & qu'il ait le
ventre prodigieufement avancé, que
fes tefticules foient petits ou flétris,
ou qu'il n'en ait point du tout; que fa
femence foit trop liquide, qu'elle for-

Bb 2 te

te en trop petite quantité, ou qu'elle
ait d'autres défauts : en un mot, s'il
manque quelque chofe du côté de
l'homme pour les deux grands ouvrages de la copulation & de la génération, la loi permet à une femme de
demander en juftice la diffolution de
fon mariage, & je ne doute point,
fi nous en croïons un Archevêque,
qu'il ne faille atribuer à quelqu'une de
ces caufes le divorce qui arriva au Roi
Lothaire & à la Reine *Théberge*.

Tout ce qui détruit notre chaleur
naturelle, & qui éteint notre feu &
nos efprits, s'opofe directement aux
actions du mariage. Nos tefticules fe
flétriffent, nos vaiffeaux fpermatiques
fe deffèchent, & notre membre fe diminuë, quand nous fommes acoûtumez
à garder fcrupuleufement la chafteté
& la continence. Et s'il eft vrai ce que
Vidus Vidius le jeune nous raporte d'u-
ne perfonne Ecléfiaftique, qui avoit
pendant toute fa vie gardé exactement,
comme elle devoit, les régles de la
bienféance, nous ne devons pas douter que les parties de notre corps n'e-
xerçant

kerçant pas l'action pour laquelle la nature les a faites, ne se flétriſſent & ne se deſſéchent en quelque façon.

Les contentemens exceſſifs que nous prenons avec les femmes, ne nous cauſent pas des déſordres moins fâcheux : il eſt vrai qu'ils ne nous aportent pas de ſemblables flétriſſures, mais il nous rendent incapables de continuer nos plaiſirs licites. Les vaiſſeaux ſpermatiques s'afoibliſſent, les véſicules ſéminaires ſe relâchent, & les parties principales de notre corps s'épuiſent & ſe rafraîchiſſent tellement par la diſſipation de notre chaleur & de nos eſprits, qu'elles ne ſont plus enſuite en état de fournir la matiére qui eſt néceſſaire pour former un homme. Témoin *Théodoric*, Roi de Bourgogne, qui après s'être épuiſé auprès de *Laodicée* & des autres Courtiſanes de ſa Cour, ne pût jamais conſommer ſon mariage avec *Hermamberge* fille du Roi d'Eſpagne. Témoin encor *Néron*, qui après avoir paſſé ſa jeuneſſe dans les débauches des femmes, témoigna deux fois ſon impuiſ-

Bb 3   ſance

fance à la belle *Poppée*, felon le raport de *Pétrone.*

D'ailleurs, s'il eft vrai ce que l'on dit ordinairement, que la bonne chére excite à l'amour, l'on peut affurer auffi que l'extrême indigence rend un homme impuiffant. Car puifque l'abftinence, felon la penfée des Théologiens, eft le meilleur de tous les remédes contre la concupifcence de la chair ; il ne faut pas douter que fi elle eft exceffive, elle ne détruife tous les mouvemens qui nous pourroient porter à rechercher les embraffemens des femmes. Notre fang eft diminué, & nos efprits font épuifez par-là : nos parties principales & amoureufes en deviennent languiffantes ; tant il eft vrai qu'il n'y a rien de plus opofé à l'amour, que ce qui nous rafraîchit & nous épuife tout enfemble.

Mais les paffions de l'ame font encor quelque chofe de plus violent que tout ce que nous venons de dire ; & pour ne parler ici que de la haine qui eft fomentée dans l'efprit d'un homme, par la laideur d'une femme, par

fa

sa mauvaise humeur, par sa conduite indécente , ou enfin par une odeur exécrable qui sort de son corps, elle est une des principales causes qui peut rendre un homme impuissant à l'égard de cette femme-là.

Après-tout, comme il n'y a rien qui nous détruise plutôt que les maladies, puisqu'elles nous conduisent à la mort, les Jurisconsultes ont eu quelque raison d'écrire que l'on ne doit point présumer qu'un homme valétudinaire, & encor moins un homme malade , soit capable d'engendrer, la maladie le rendant impuissant & incapable de caresser une femme. Il est certain que les plaisirs de l'amour demandent de la force & de la vigueur pour s'oposer aux épuisemens & aux foiblesses qui en naissent, lors même que nous les prenons avec mesure : au lieu que la maladie étant une disposition contre les loix de nature , elle afoiblit & détruit même toutes les actions de nos parties , qui par conséquent ne sont pas en état de faire leur devoir , quand il est question d'engendrer.

Mais

Mais les Jurisconsultes n'ont peut-
être pas remarqué que leur décision
étoit trop générale pour être vraïe,
puisqu'il y a quelques maladies qui
nous excitent à l'amour & dans les-
quelles on peut engendrer. Nous sa-
vons qu'un homme qui est ateint d'un
satyriasme , & qu'un autre qui soufre
quelque douleur de goute ou de pierre , font alors plus amoureux , & ne
peuvent s'empêcher de presser étroitement leurs femmes : leurs humeurs
chaudes & aiguës qui causent leur maladie , font alors mêlées avec des vents
qui se cantonnent pour l'ordinaire parmi leurs parties naturelles , & qui les
chatoüillent sans cesse & les excitent à
se venger agréablement des douleurs
qui les pressent. Il y a même des maladies qui ont rendu des hommes féconds , d'impuissans qu'ils étoient auparavant. *Avenzoar*, Médecin Arabe,
raporte de lui-même, que ne pouvant
engendrer dans sa jeunesse, il engendra aisément après une fiévre aiguë
qui lui rafraîchit tellement les viscéres,
& puis le mit dans une telle complé-
xion,

xion , qu'il se trouva ensuite propre à
faire des enfans.

Il faut donc modérer les décisions
des Jurisconsultes , & ne pas dire d'un
autre côté , par une espéce de contra-
diction , comme fait une de leurs glo-
ses, que l'on doit compter le commencement de la vie d'un enfant qui naît
après la mort de son pere , du jour que
son pere est mort , comme si un homme étoit en état d'engendrer dans une
fiévre aiguë , dans une longue maladie , & dans quelqu'autre incommodité qui aflige les parties principales ou
amoureuses. C'est-là s'oposer à la raison & à l'expérience de tous les jours.

Mais je ne veux m'arrêter ici qu'aux
hommes qui sont toûjours impuissans,
& qui étant incommodez dans leurs
parties naturelles, ne peuvent jamais
se joindre amoureusement à une femme , quand ils seroient même en la
fleur de leur âge. Les défauts naturels
qu'ils ont dans leurs parties amoureuses, le manquement de l'humeur , qui
est la semence des hommes , ou enfin
les pollutions nocturnes & gonor-
rhées,

rhées, qui arrivent par la foiblesse de leurs vaisseaux, sont de puissans obstacles pour l'amour, qui les rendent plus froids que glace, quand ils se trouvent auprès d'une femme.

Quelle aparence y a-t-il qu'un membre d'un ou de deux travers de doigt, soit une mesure sufisante pour satisfaire une femme & pour engendrer des enfans? Un homme si mal pourvû, manque de force, de chaleur, d'esprits & de semence; & s'il sort quelque humeur dans ses agitations amoureuses, ce n'est qu'un peu de sérosité, qui n'a pas toutes les qualitez requises pour la génération. La femme a beau se faire éfort pour la recevoir, ses parties, quelques affamées qu'elles soient, ne peuvent rien faire d'une humeur qui manque de disposition pour le grand ouvrage de la nature.

L'impuissance de se joindre à une femme, est encor augmentée par la petitesse de la verge, qui étant trop courte & trop petite tout ensemble, ne peut réjoüir une femme, ni lui fournir

nir une liqueur propre à former un enfant.

Tous les remédes font inutiles pour ces fortes de défauts ; & bien que *Galien* & *Fallope* nous en propofent quelques-uns , nous fommes pourtant du fentiment de ceux qui croïent que ces deux maladies font incurables , fi elles font extrêmes, & que les Juges peuvent prononcer hardiment fur la diffolution d'un mariage qui n'aura pas d'autres arrhes de fa validité.

Car de s'imaginer que les bouillons fucculens, les alimens choifis & l'excellent vin , puiffent faire croître les parties que la nature n'a pû alonger, c'eft manquer de connoiffance pour les maladies qui arrivent aux parties nerveufes. On a beau froter ces parties malades *d'huile de vers de terre, d'huile de lavande* ou de *Palma Chrifti,* parmi lefquelles on aura mêlé un peu de poudre *du nerf de taureau* ou *de cerf,* tout cela ne produit rien & ne fert qu'à embarraffer davantage le malade. La boucle qui perce le prépuce & à laquelle une bale de plomb eft atachée,

ni

ni l'emplâtre de poix de Bourgogne, qu'on aplique souvent sur les parties naturelles d'un homme, & qu'on en ôte plusieurs fois, ne guériront pas non plus tous ces défauts, ni n'en feront croître ni alonger la verge d'un homme qui est naturellement trop petite.

Quoique l'on fasse pour guérir ces défaut naturels, l'on ne fera que comme ce méchant nourrissier, dont parle *Galien*, qui nourrissant fort mal l'enfant dont il avoit le soin, frapoit assez fortement ses fesses avec la main, de deux en deux jours, pour le faire enfler, & pour faire voir à son pere son embonpoint supofé.

Bien que la molesse & la flétrissure de la verge soient des maladies qui peuvent quelquefois être guéries ; cependant il s'en trouve souvent d'incurables, auxquelles la Médecine n'a jamais pû subvenir. Car si cette partie est naturellement stupide & immobile, quoiqu'elle soit médiocrement grosse & longue, il n'y a point d'art qui la puisse vivifier, ni de remédes qui la puis-

puisse guérir. La chair ou la cendre de
tarentule, la poudre d'un *nerf de taureau*, ou la *racine de satyrion* ont trop
peu de force dans de pareilles langueurs; & si la main d'une belle femme, qui est le plus excellent de tous
les remédes, n'a pas assez de vertu
pour guérir la molesse de la verge d'un
homme, les autres remédes y auront
peu de force, principalement si les
nerfs qui sortent de l'os *sacrum* & qui
sont distribuez à la verge, sont foibles,
bouchez ou cicatrisez : ou si un homme a reçû vers ces parties-là quelque
grand coup, ou s'il lui est survenu
quelque humeur considérable, qui ait
altéré toutes les parties voisines. Enfin
si la paralysie arrive à l'une ou à l'autre
cuisse, le membre viril qui reçoit les
mêmes influences de l'extrémité de la
moële du dos en demeure immobile,
aussi-bien que l'une de ces parties-là,
& il est impossible de l'en guérir, à
moins que l'on ne combatte toute la
maladie qui en est la cause. Mais comme cette incommodité est presque
toujours incurable, principalement

dans les hommes qui commencent à vieillir, il ne faut pas auſſi eſpérer que l'on puiſſe ſoulager une partie, qui dans cet âge a fort peu de chaleur, pour ſe défendre contre la violence de ce mal.

Quelquefois la verge de l'homme n'eſt pas trouée par le bout, elle l'eſt à la racine, à côté, par-deſſus ou par-deſſous. On en a vû qui avoient deux ouvertures; l'une pour l'urine, & l'autre pour la ſemence, comme avoit un Avocat de Padouë, dont *Véſale* nous fait l'hiſtoire. Tous les hommes qui ont ces ſortes de défauts ſont quelquefois incapables de careſſer une femme, & preſque toujours inhabiles à la génération. En éfet, *Platérus* nous raporte, qu'un homme qui avoit deux trous à la verge, ne laiſſa pas de ſe marier: mais parce qu'il ne ſatisfaiſoit pas ſa femme comme elle deſiroit, ils ſe ſéparérent volontairement l'un de l'autre. Cependant il y a quelques hiſtoires contraires, qui nous aprennent que l'on peut engendrer avec ces défauts. Celle de *Denis*, Orſêvre Romain,

main, en est une preuve évidente : il
ne laissa pas d'engendrer, bien qu'il
eût la verge trouée à la racine du
gland, comme nous le raporte *Zac-
chias*, qui témoigne l'avoir vû.

Nous avons dit ailleurs que la nature plaçoit d'abord dans le ventre les
testicules des hommes, & que peu-à-
peu, par leur propre poids, par l'agitation continuelle du ventre, & par la
force de la chaleur naturelle, ils des-
cendoient dans la bourse : mais s'il arrive par quelque obstacle que ce soit,
qu'ils n'y descendent pas, il ne faut pas
pourtant prendre ces hommes pour
impuissans, bien qu'en aparence ils
manquent de ce qui fait juger de la virilité d'un homme. Pourvû qu'ils aïent
l'activité d'un homme vigoureux,
qu'ils soient velus par le corps, qu'ils
aïent la voix forte & grosse, beaucoup
de poil au menton & aux parties naturelles, on peut juger qu'ils sont capables d'engendrer, quoiqu'on ne leur
trouve rien dans la bourse.

M. de Montagne, Gentilhomme de
cette Province, m'a souvent montré

ses

ſes parties , & *M. d'Argenton,* qu'*Am-broiſe Paré* diſſéqua , n'étoient tous deux pas moins capables d'engendrer, pour n'avoir pas des teſticules dans la bourſe. Il falloit plûtôt blâmer la legereté de la femme du dernier , lorſqu'elle lui fit un procès ſur cela , que de l'acuſer lui-même d'être impuiſſant. Auſſi par le Decret & la déciſion qu'en fit alors la Faculté de Médecine de Montpelier , *Hucher* en étant Chancelier, il fut déclaré qu'il n'eſt pas beſoin , pour être capable d'engendrer , de trouver des teſticules dans la bourſe d'un homme , pourvû toutefois qu'il ait d'autres marques ſuſiſantes de virilité. C'eſt ce qui a fait dire à *Riolan* , qu'un homme dont il fait l'hiſtoire, qui impoſoit ſouvent aux Médecins , qui croïoient qu'il étoit rompu , n'étoit pas moins capable d'engendrer , pour avoir ſes teſticules cachez dans ſes aînes.

Il n'en eſt pas de même de ceux qui en manquent tout-à-fait ; ils ſont lâches ; ils ont la voix éféminée; ils n'ont point de poil au menton ni aux parties naturelles. En éfet , la force & le courage

rage des hommes dépendent des testicules ; car il sort de ces parties des humeurs & des vapeurs subtiles, qui se
mêlant parmi les esprits de notre sang
& de notre suc nerveux , font toute
notre hardiesse & toute notre vigueur.
Ceux qui ont de petites testicules, qui
sont avec tout cela flétris, ne peuvent
recevoir ces vapeurs pour les encou-
rager auprès des femmes & par tout
ailleurs. Témoin les animaux que l'on
coupe & que l'on bistourne, qui n'ont
pas tant de vigueur ni tant de force
qu'auparavant.

Si un homme a le ventre extrêmement gros, il n'y a pas d'aparence que
son embonpoint lui permette de caresser une femme, sur-tout si elle est
elle-même d'une taille à peu près pareille : & quand ils se pourroient joindre , leur semence ne peut guéres être
prolifique , si nous en croïons l'expérience. Il est vrai que l'on peut choi-
sir une posture commode , ainsi que
nous l'avons expliqué ailleurs, si l'un
& l'autre est assez agile pour cela : mais
en vérité la peine passe le plaisir. Et

C c 3

com-

comment eût pû faire *Vitellio*, Lieutenant-Général des Armées du Roi d'Es-
pagne aux Païs-Bas , s'il lui eût fallu
entrer dans la lice amoureuse , lui qui
dans ces Provinces-là ne trouvoit
point de cheval assez fort pour le porter à une lieuë ? A lavérité , le vinaigre
mêlé avec de l'eau est un reméde assuré pour se faire diminuer , si l'on en use
pour sa boisson ordinaire : mais il est
pire que le mal , ce qu'éprouva ce
grand Capitaine ; car après en avoir
bû pendant un an , il diminua de plus
de 60. livres , comme nous l'assure
l'Historien.

Toutes les maladies dont nous venons de parler , étant incurables , elles
doivent rendre un homme impuissant
& l'empêcher de se marier : ou s'il est
marié , elles doivent être des causes légitimes à une femme pour demander
en justice la dissolution de son mariage.
Car si la maladie est naturelle, perpé-
tuelle & incurable ; qui est-ce qui dou-
tera qu'une femme ne soit bien fondée
à demander un autre mari ?

ARTI-

A R T I C L E II.

Du Congrès.

LE premier Parlement de France n'auroit pas été si souvent surpris s'il avoit connu exactement les causes de l'impuissance des hommes. Et le Marquis de *Langey* en particulier n'auroit pas éprouve la disgrace de l'Arrêt donné contre lui le 8. de Février 1659. si le Congrès qui fut ordonné étoit une preuve infaillible de la virilité d'un homme.

Les Oficiers de nos Evêques n'invalideroient pas tous les jours si légérement des mariages, s'ils avoient bien étudié les maladies qui en empêchent la consommation, ou s'ils avoient nommé des personnes savantes pour les en instruire. L'Oficial du *Mans*, par exemple, n'auroit pas prononcé il y a quelques années sur la dissolution du mariage de *Pierre Nau*, qui voulut bien se trouver impuissant au Congrès,

s'il

s'il avoit connu l'impuiſſance ſupoſée de cet homme-là : car puiſque par Arrêt de la Chambre, donné le 15. Juillet 1655. la femme de *Nau* fut obligée de retourner avec ſon mari, & d'y mener ſon enfant légitime, qui étoit la ſeule preuve que le pere n'étoit pas impuiſſant : ne doit-on pas dire que cet Oficial, quelque homme de bien qu'il put être, n'avoit pas aſſez obſervé toutes les circonſtances qu'il faut obſerver dans de pareilles ocaſions pour connoître l'impuiſſance d'un homme.

En éfet, nous avons bien d'autres marques plus aſſurées que le Congrès public, pour connoître la virilité d'un homme. Et j'oſerois dire que le Congrès qui fut autrefois aboli par l'Empereur *Juſtinien*, comme opoſé à la pureté du Chriſtianiſme, n'a été rétabli que par quelques curieux de notre ſiécle. Car il eſt l'infamie des ſexes & le deshonneur de nos tems ; & je ne ſai ſi dans l'hiſtoire l'on en pourroit trouver des exemples qui ne ſoient ridicules. C'eſt une loi qui bleſſe la pudeur ; elle

eſt

est trop dure & trop injurieuse à l'homme : il y faut faire voir à tout le monde des parties que la nature a cachées avec tant de soin , & chercher même aux témoins d'autres témoins que nous fuïons , lorsque nous suivons les ordres de la nature. Car quelle honte est-ce de montrer en plein midi ce que nous avons soin de cacher même pendant la nuit ? Ce n'est qu'un prétexte de divorce , & qu'un éfet de la lasciveté & de l'audace des femmes. Ce sont elles-mêmes qui ont fait naître dans l'esprit des Juges la pensée d'une épreuve , aussi peu sûre qu'elle est deshonnête. De mille hommes , il n'y en a peut-être pas un qui puisse sortir victorieux du Congrès public. Nos parties naturelles ne nous obéïssent point quand nous le voulons , bien loin d'obéïr aux Juges : elles se flétrissent souvent contre notre volonté , & souvent elles sont dans la glace , quand notre cœur est le plus embrâsé. Si nous sommes prêts à nous animer , le courage nous manque , la crainte nous saisit , la haine s'empare de notre cœur , la pudeur

deur s'opofe à des libertez éfrontées.

D'ailleurs, joüir d'une femme hardiment, n'eft pas une marque de virilité ; les Eunuques fe portent avec ardeur dans les plaifirs charnels, & l'on en a vû fouvent de mariez : mais à dire le vrai ils ne réüffiffent pas dans l'ouvrage de la génération ; & la conjonction même de l'homme & de la femme n'étant pas elle feule une marque de virilité, on ne doit pas juger par le Congrès de la fécondité d'un homme.

Celui qui fe fent impuiffant, ne doit point fe marier. Celui qui en doute, doit confulter un favant Médecin qui l'éclairciffe là-deffus. Et celui qui eft vigoureux, ne doit point s'expofer au Congrès public. On ne commande jamais à l'amour ; c'eft l'amour qui nous commande, & nous n'avons point encor vû jufqu'ici de gens amoureux s'allier par la haine.

Il y a beaucoup plus de diffolutions de mariages, depuis environ cent ans que le Congrès eft introduit en France, qu'on n'en avoit vû auparavant. C'eft pourquoi le Parlement de Paris
aïant

aïant enfin jugé que le Congrès étoit ennemi de la chasteté, & qu'il n'étoit pas la véritable marque de la virilité d'un homme, fit défense le 18. de Février 1677. par un Arrêt solemnel, aux Juges Civils & Ecclésiastiques, d'ordonner à l'avenir la preuve du Congrès dans les causes du mariage. Messire *René de Cordouan*, Marquis *de Langey*, dont nous avons parlé ci-dessus, fut la cause de cette réforme ; car après avoir épousé en secondes nôces Demoiselle *Diane de Montaud de Navailles*, dont il a eu sept enfans, il fit bien voir par-là qu'on n'est pas toûjours maître de ses actions, quand on s'expose en public à caresser une femme.

ARTICLE III.

Du divorce entre des personnes mariées.

QUoiqu'il y ait des Jurisconsultes qui font une distinction entre la dissolution du mariage & le divorce, l'un étant la cause de l'autre, néamoins par-

parce que nous n'examinons ici ni ces termes ni la chofe même qu'ils fignifient avec autant d'exactitude qu'ils le font, nous uferons tantôt de l'un & tantôt de l'autre, pour exprimer notre penfée fur ce que nous avons à dire là-deffus.

La diffolution du mariage n'eft autre chofe qu'un jufte empêchement de l'ufage du marige prononcé par un Juge compéte, nt qui par une évidente connoiffance de caufe, fait défenfe au mari & à la femme de coucher enfemble, & de fe rendre les devoirs réciproques des perfonnes mariées. Si les caufes qui font le divorce font incurables, la loi permet à celui qui fe porte bien de fe remarier : mais fi avec le tems on y peut remédier par les régles de la Médecine, comme nous l'avons examiné ailleurs, je ne faurois me perfuader que l'on puiffe avoir une raifon légitime de diffoudre un mariage qui a été fait avec tant de folemnitez.

Il faut aujourd'hui dans le Chriftianifme des caufes bien plus puiffantes pour

pour caufer le divorce, qu'il n'en falloit dans les fiécles paffez. Ce n'eft
plus le caprice d'un mari qui répudie
une femme, comme il arrivoit autrefois parmi les Juifs, mais une caufe légitime connuë par des Juges & aprou-
vée par leur Sentence. Il eft vrai que
la Loi ancienne permettoit aux Juifs
de répudier leur femme, & d'en prendre une autre à leur difcrétion; mais
ce n'étoit, comme parle l'Ecriture,
qu'à caufe de la dureté de leur cœur.

Toutes les caufes de divorce que les
Juifs avoient, celle de l'impudicité
étoit la plus forte & la plus commune;
la jaloufie troubloit fouvent la paix &
la tranquillité de leur mariage, & quelquefois n'aïant pas d'autres raifons
aparentes, ils acufoient leurs femmes
d'impudicité, & leur reprochoient,
pour avoir lieu de les répudier, qu'elles s'étoient abandonnées avant de
fe marier. C'eft en vûë de cela que
Moïfe, pour prévenir ces défordres,
fit une Loi, par laquelle il commanda
aux peres & aux meres de garder foi-
gneufement les linges qui avoient fer-

vi la premiere nuit des nôces à la défloration de leur fille, afin qu'étant un jour fauffement acufée par fon mari, ils puiffent montrer aux Magiftrats, pour fauver la réputation de la femme, des fignes véritables d'une virginité injuftement foupçonnée; ce que l'on obferve encor aujourd'hui dans quelques villes d'Efpagne.

Les loix des Païens étoient auffi legéres fur cette matiére, que celles des Juifs étoient dures. *Cicéron* n'eut pas répudié fa femme, & ne lui eût pas fait dire *qu'elle eût foin de fes afaires*, pour avoir manqué quelquefois à lui écrire pendant fon éxil, & *Sulpitius Gallus* n'eût pas fait faire le même compliment à la fienne, pour l'avoir feulement trouvée une feule fois fans coëfe par la ruë, fi leurs loix euffent été fort équitables. Ce n'eft pas auffi parmi nous la froideur, la haine, ni l'intérêt qui obligent un mari de faire divorce avec fa femme, comme font encor aujourd'hui les Orientaux; mais l'impuiffance du mari ou de la femme, qui en fait la diffolution par l'autorité des Magiftrats.

Je

Je me perfuade que les Juges d'aujourd'hui n'ont pas entrepris par-là de
toucher à la fubftance du mariage ; ils
favent trop bien que c'eft un Sacrement que les hommes ne peuvent an-
nuler ; mais ils examinent feulement
l'habileté & la puiffance d'engendrer
des mariez , & outre cela la validité du
Contrat civil.

Pour n'oublier rien qui puiffe contribuer fur cette matiére à la curiofité
du Lecteur , il me femble qu'il ne fera
pas hors de propos, avant de finir ce
chapitre , de mettre ici le Formulaire
du Libelle de Répudiation dont fe fer-
voient les Juifs , comme *Rabby Mofche
de Coifi* nous le raporte.

*Le troifiéme jour de la femaine, le 29.
de la lune de..... l'an.... de la création
du monde : Je N. Pharifien , demeurant
préfentement à Vénife , ville fituée au fond
du Golfe Adriatique , protefte & déclare en
préfence de N. N. témoins , que de mon
libre mouvement & fans contrainte , je vous
délaiffe & répudie , vous ma femme , nommée N. fille de N. fils de N. afin que vous
foïez déformais libre , & que vous puiffiez*

cher-

chercher un autre mari pour votre condi-
tion, sans que personne s'entremette de vous
y former aucun empêchement, d'aujour-
d'hui à l'éternité des siécles. Et c'est ici le
cartel de divorce, le Libelle de démission,
l'instrument de désertion que je vous envoïe, selon les Ordonnances de Moïse &
d'Israël.

Les témoins signoient dans le corps
du Libelle, & au bas, aussi-bien que
le mari.

* * *

ARTICLE II.

de la stérilité des femmes.

ON sait que la stérilité dépend plus
souvent des femmes que des hommes, & que la chaleur naturelle étant
un des principaux instrumens de toutes nos actions, fait par son défaut la
stérilité dans les uns & dans les autres.
Si elle est foible, les parties en sont dé-
fectueuses : s'il manque quelque chose
au grand atirail des parties genitales de
la

la femme, toute l'action de ces mêmes parties eft interrompuë, & il ne faut point s'atendre à la génération.

Qu'une femme foit dans la fleur de fon âge & qu'elle jouiffe d'une fanté parfaite, qu'elle foit mariée avec un homme vigoureux, & qu'elle prenne avec lui tant qu'il lui plaira des plaifirs modérez, fi elle n'a pas de difpofition à faire un enfant, jamais elle ne peut efpérer l'avantage de porter le doux nom de mere. Car fi elle eft trop vive & trop emportée dans l'amour, qu'u-ne chaleur exceffive confume fes en-trailles, qu'elle n'ait prefque point fes régles, ou fi elle en a modérément, qu'elles ne foient point rouges, qu'elle aparence qu'elle puiffe concevoir? El-le brûle, pour ainfi parler & defféche la femence qu'on lui donne; & s'il s'en forme par hazard un enfant, ou il eft contrefait, ou il ne demeure point neuf mois dans les flancs de fa mere. Si d'un autre côté, une froideur extraordinai-re & une grande humidité ocupent fes parties principales, que fa matrice foit extrêmement humectée par la graiffe

D d 3   qui

qui se trouve aux environs, si elle a les flancs resserrez & le ventre étroit, & s'il ne paroît de poil par son corps qu'à la tête, jamais elle ne retiendra la semence qu'on lui aura communiquée, & par conséquent il ne se fera jamais de conception, ou s'il en arrive par hazard quelqu'une, le fétus sera sufoqué par la grande humidité des parties de sa mere, & sortira avant le terme; si bien qu'une telle femme ne pourra jamais avoir d'enfant, à moins que l'on ne corrige ces grands défauts, qui ne se corrigent presque jamais.

Il en arrive de même aux femmes qui ont la matrice mal faite, soit par un défaut de nature, ou par quelqu'autre accident étranger, comme sont les grands ulcéres, les grandes cicatrices, & les autres incommoditez de la matrice.

Mais tous ces défauts ne sont pas de légitimes causes pour empêcher le mariage quand il n'est pas fait, ou pour le dissoudre quand il est consommé. Les indispositions qui n'empêchent point une femme d'être caressée de son mari,

ne

ne font point capables de caufer le divorce; & fouvent quand une femme
eft ftérile avec un homme, l'expérience
nous fait voir qu'elle ne l'eft pas avec
un autre. Une plante aime fa terre, &
ne graine jamais dans un lieu opofé à
fon tempérament. Un homme ne pourra faire concevoir une femme, dont
la femence n'eft pas proportionnée à
la fienne, ni dans fa matiére ni dans
fes qualitez. Mais fi ce même homme
trouve une femme qui n'eft ni fi chaude ni fi boüillante que lui, il viendra
fans doute de leurs embraffemens
amoureux une génération avantageufe.

Il n'y a que les incommoditez qui
vont jufqu'à s'opofer aux plaifirs de l'a-
mour & à empêcher un homme de s'allier amoureufement à fa femme, qui
puiffent être des caufes légitimes de la
diffolution du mariage. Car fi une femme eft extrêmement étroite, & fi le
conduit de la pudeur eft bouché, ou
par la grandeur exceffive du clitoris,
ou par cette membrane charnuë, que
l'on nomme *Hymen*, ou par les cicatrices d'un fâcheux acouchement, ou par
l'a-

l'abaiſſement de l'os *Pubis;* ou enfin qu'il y ait d'autres cauſes qui l'étréciſ-ſent ſans reméde; on doit croire que cette femme eſt abſolument ſtérile, parce qu'elle ne peut ſoufrir les careſ-ſes d'un homme.

En éfet, toutes les cauſes qui peu-vent empêcher un homme de joüir avec ſa femme des plaiſirs que le ma-riage lui permet de prendre, ſont tou-tes capables de faire le divorce. Et comme les défauts de la femme ne ſont que dans ſes parties externes, la loi a permis qu'elles fuſſent examinées par des perſonnes diſcretes & entenduës, afin d'en faire leur raport aux Juges, qui doivent enſuite prononcer des Ar-rêts juſtes & équitables.

Un homme eſt bien ſurpris la pre-miére nuit de ſes nôces, quand dans la chaleur de ſa paſſion, touchant ſa femme avec tendreſſe, il reſſent un membre auſſi roide que le ſien, qui lui frape le ventre. C'eſt alors qu'étant tout éperdu, il ſort du lit, & s'imagi-ne ou être enſorcelé, ou qu'on a vou-lu le railler en lui donnant un homme

pour

pour une femme qu'il avoit choifie.
Cependant à la clarté d'une bougie, il
aperçoit le vifage de fa femme qui l'a-
pelle avec douceur ; mais il n'y a ni
careffe ni complaifance qui le puiffent
tirer de l'étonnement où il eft ; fi fon
ame en revient un peu, fes parties
amoureufes n'obéïffent pas fi-tôt à fa
paffion. Néamoins comme l'amour eft
un enfant, on l'apaife quand enfin on
le flâte. Les parties naturelles de cet
homme fentent donc une feconde fois
les ateintes de l'amour ; mais il n'a pas
fi-tôt fait une feconde téntative qu'ie
eft auffi furpris qu'auparavant, & ce
qui acroît encor davantage fon étonnement, c'eft qu'il ne peut fe débaraf-
fer d'entre les bras de fon époufe, qui
le preffe de la poitrine à mefure que fa
paffion augmente. C'eft alors qu'il ne
doute plus des charmes ; car dans cette
ocafion, par une étrange métamorpho-
fe, l'homme devient comme une femme, & la femme prend la place d'un
homme : fi bien que celui-là a fes parties toutes flétries & toutes molettes
par la furprife où il eft encor ; celle-ci

a

a les fiennes toutes en état de faire épreuve de fa vaillance. Enfin cet homme étant un peu revenu à lui, fe met en devoir d'examiner la caufe de fon étonnement; il n'a pas plutôt jetté les yeux fur les parties naturelles de fa femme, qu'il aperçoit une verge droite & dure comme la fienne. Il l'interroge là-deffus. Elle lui répond avec affez de pudeur & de fincérité, qu'elle croit'que toutes les femmes font faites comme elle, & elle lui avoüera véritablement ce qu'elle en a reffenti depuis qu'elle fe connoît. Elle lui dit donc que pendant l'hyver, le froid exceffif fait prefque entiérement retirer fon *clitoris*, & qu'en ce tems-là il ne paroît ni plus long ni plus gros que la moitié du petit doigt; mais dès que la chaleur de l'été fe fait fentir, cette partie fe groffit & s'allonge extrêmement; d'où vient, ajoûte-t-elle, qu'il ne faut pas s'étonner fi elle eft prefentement fi groffe & fi longue, puifque nous fommes dans les plus longs jours & dans les plus violentes chaleurs. Elle lui avoüe encor qu'elle n'a point vû de fem-

femme plus amoureufe qu'elle, & que lorfque quelque perfonne lui plaît, ou que l'amour lui échaufe l'imagination, elle fent que cette partie s'agite, fe roidit & s'endurcit même contre fa volonté ; qu'elle n'a jamais éprouvé avec perfonne ce qu'elle étoit capable de faire, mais qu'elle s'aperçoit bien maintenant, par l'étonnement & par les tranfports qu'elle remarque en lui, qu'il faut bien que cette partie ne foit pas femblable dans toutes les femmes.

Le mari étant pleinement informé de toutes chofes & aïant mûrement délibéré fur ce qu'il devoit faire. en cette occafion, lui propofe de commuquer fon défaut à quelqu'un de fes amis. Elle y confent auffi-tôt, & le mari en parle inceffamment à un fage & docte Médecin, qui, pour fatisfaire aux priéres du mari & aux larmes de la femme, fe met en devoir de couper cette partie, qui eft d'une exceffive grandeur. On la lie donc, & on la laiffe ainfi liée pendant un jour, après quoi il furvient de fi fâcheux accidens,

qu'à

qu'à cause de cela on n'en pût faire
l'extirpation.

Une pareille avanture arriva à *Platé-*
rus, qui aïant deffein de couper le *cli-*
toris d'une Matrône, n'en put venir à
bout, par les mêmes obftacles que nous
venons d'alléguer.

Haly Rodoam auroit fans doute fait
la même opération fur une Reine qui
lui découvrit fa turpitude, s'il eût crû
pouvoir extirper cette partie fans courir rifque de fa réputation, & fans expofer la vie de cette Princeffe.

Dans un tel état, il eft impoffible
qu'un homme puiffe careffer fa femme, ainfi que nous l'examinerons en
particulier, ci-après au Chapitre des
Hermaphrodites ; & fi cette maladie
eft incurable, comme elle l'eft fans
doute, on doit croire qu'un Juge eft
bien fondé, quand, fur le raport de
quelques perfonnes favantes dans ces
fortes de matiéres, il ordonne la diffolution du mariage.

On ne fauroit encor guérir la com-
preffion que fait l'os *pubis* au conduit
de la pudeur. Ce conduit en eft quel-
que-

quefois fi étréci dans les dehors, qu'il
eft impoffible qu'un homme qui a même la verge médiocre, s'y puiffe faire
paffage.

Les deux os des cuiffes preffez en
dedans, & le croupion retrouffé par-
devant, caufent quelquefois les mêmes obftacles. C'eft pourquoi la loi
n'eftime pas faine une femme contre-
faite dans fes parties naturelles.

Il arrive quelquefois tant d'ulcéres
au conduit de la pudeur de quelques
Courtifanes, qu'il s'en eft vû, qui après
être guéries, l'avoient prefque tout
fermé par des cicatrices : fi bien que les
régles venant à paroître, ne pouvoient
couler qu'à peine par le petit trou qui
reftoit, & qu'un homme voulant encor badiner avec elles, ne pouvoit pénétrer dans un lieu qui avoit été autrefois fi ouvert.

Les facheux acouchemens caufent
autant d'incommoditez aux femmes,
que font les maladies fecretes : car
ap ès que le pas a été déchiré en plufieurs endroits, il y vient beaucoup
d'ulcéres, qui étant négligez, fe rem-

pliffent de tant de chair fuperfluë , que le conduit de la pudeur en eft prefque tout bouché. Cette chair baveufe devient folide & dure avec le tems , & ne peut être fléchie par la verge d'un homme , quelque forte & quelque roide qu'elle foit ; témoin ce que dit *Riolan* d'une femme , qui fut fi fermée après de pénibles couches , qu'il lui étoit enfuite impoffible de foufrir fon mari.

Ces maladies font trop invétérées pour être guéries , & il n'y a point de femme qui voulut s'expofer à foufrir qu'on la diffequât toute vive. On pourroit ici propofer quantité de *peffaires d'argent, d'étain, de plomb*, ou même de chair de diférente groffeur, que l'on pourroit froter de *beurre frais*, ou d'*onguent rofat*, & les placer dans le conduit de la pudeur, les uns après les autres, en commençant par les plus petits. Mais les cicatrices, dont ce lieu eft tout rempli, en empêchent l'élargiffement ; & par conféquent pour en dire ce que je penfe, toutes ces incommoditez font incurables, & font des

caufes

causes légitimes pour empêcher une femme de se remarier.

Entre les maladies incurables de la matrice, on peut ajoûter à celles dont nous venons de parler, les grandes excrescences, si nous en croïons *Gordon*, les *schirres* & les tumeurs considérables, si nous voulons suivre le sentiment de *Fabrice de Hilden*, qui remarque qu'une femme ne pût soufrir deux maris l'un après l'autre, & par conséquent ne pût avoir des enfans, parce qu'elle avoit un *schirre* vers l'orifice interne de la matrice. Il nous fait encor l'histoire d'une autre, qui après avoir beaucoup soufert dans un fâcheux acouchement, en devint stérile par une tumeur dure que l'on trouva après sa mort, qui ocupoit une partie du pas de la matrice. Cependant, si les duretez sont si petites qu'elles se puissent toucher, & qu'elle arrivent à de jeunes personnes, je ne doute point qu'on ne les puisse guérir, par les remédes dont on se sert ordinairement dans de pareilles ocasions.

Enfin qu'on puisse couper l'hymen

&

& les membranes qui lient quelquefois
fortement les caroncules les unes aux
autres, néamoins il y a des ocafions
où ces membranes font fi épaiffes & fi
garnies de vaiffeaux, qu'il y a du dan-
ger à en faire l'ouverture ; car elles
font tellement jointes au conduit de la
pudeur, qu'il femble que ce n'en eft
qu'une production. Ces parties étant
coupées, il en arrive quelquefois des
inflammations, des fiévres & des con-
vulfions mêmes. Dans cet endroit-là,
les plaïes ne peuvent fe réünir qu'avec
peine, les humiditez qui fortent par-là
du corps de la femme étant des caufes
affez fortes pour les en empêcher : ce
qui y caufe des ulcéres fordides & fa-
les, qui fouvent font fuivis d'une gan-
gréne, qui mene infailliblement une
femme à la mort.

Voilà les maladies qui peuvent caufer le divorce, par l'obftacle qu'elles
aportent à la copulation de l'homme
& de la femme. On ne doit point ici
fe faire fort fur le contrat de mariage.
Il eft de la nature des autres contrats ;
car s'il fe trouve que ceux qui ont con-
trac-

tracté, ne peuvent faire la chose à laquelle ils se font obligez, le contrat demeure nul , par l'impuiſſance de l'un des deux : tout de même , puiſque ceux qui se marient s'obligent à se rendre mutuellement les devoirs du mariage ; ſi l'un ou l'autre ne peut enſuite le faire , alors le mariage eſt nul, pour vû toutes fois que le Juge ait prononcé ſur ſa diſſolution. En éfet , ſi l'homme ou la femme a quelques maladies ou quelques défauts ſans remédes, qui les empêchent de ſe joindre enſemle, il n'y a pas lieu d'eſpérer une fécondité heureuſe , qui eſt le principal fruit & la douce ſatisfaction du mariage.

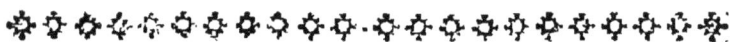

CHAPITRE III.

Si les charmes peuvent rendre un homme
impuiſſant & une femme ſtérile.

LA curioſité n'eſt blâmable que dans ſon excès , & l'on ſeroit injuſte ſi l'on trouvoit mauvais qu'on

étu-

étudiât avec soin les belles & les bonnes choses. C'est cette sorte de curiosité qui ne touche que les grandes
ames. Elle polit l'esprit sans le ternir,
elle fixe le jugement sans le détruire,
& enrichit la mémoire sans la charger.

L'homme est placé au milieu du
monde, pour observer tout ce que la
nature y fait de plus curieux, & il ne
doit pas passer pour trop entreprenant,
quand il en remarque exactement toutes les circonstances. Mais si son envie
de savoir est déréglée, & qu'elle se porte à des choses vaines ou illicites, c'est
alors qu'elle doit être censurée, &
qu'elle le doit rendre aussi malheureux
que l'Empereur *Adrien*, le plus curieux
de tous les hommes.

L'art de pénétrer dans l'avenir a de
tout tems flâté les hommes, & je ne
crois pas qu'il y ait eu jamais de scien-
ce recherchée avec plus de soin, mais
aussi avec moins de succès, que celle
que l'on apelle la *Magie noire*. Car tout
ce qu'on nous dit est si éloigné de la
raison & du bon sens, que la plûpart
des savans se sont toûjours défiez de

ses

ſes promeſſes & moquez de ſes maximes.

En éfet, pour ne m'arrêter qu'au
nœud d'éguillette, par lequel les Ma-
giciens & les Sorciers prétendent empêcher un homme de careſſer ſa femme la premiére nuit de ſes nôces,
nous examinerons ſi tout ce que l'on
fait & tout ce que l'on dit en le
nouant, peut avoir quelque empire
ſur les parties amoureuſes d'un homme qui aime ardemment, & qui eſt
de lui - même en état de ſatisfaire
agréablement ſon épouſe. Nous verrons enſuite ſi le Démon, ou les Ma-
giciens qui en ſont les ſuports, peuvent détruire la fécondité d'une femme ; qui a tout ce qu'il faut pour engendrer.

Qu'il eſt dificile de ſe défaire de ce
que l'on a apris dans ſes plus tendres
années ! Il faut avoir beaucoup de force d'eſprit ou de bons Maîtres pour ſe
déſabuſer des fables que l'on nous a
debitées. Les idées s'en conſervent
toujours, au moins dans les perſonnes
qui ont l'eſprit foible, ſur-tout, quand
à cet-

à cette vaine perſuaſion ſe joint la mauvaiſe façon de vivre, ou l'humeur mélancolique. C'eſt alors qu'il eſt abſolument impoſſible de les faire démordre
de leurs ſentimens mal fondez.

Si dans cette diſpoſition où ſont ces
perſonnes, on leur dit, avant qu'elles
ſe marient, que l'on a deſſein de leur
noüer l'éguilette, leur eſprit, déja
perſuadé des enchantemens, en reçoit
une nouvelle impreſſion, lorſqu'ils
veulent ſe joindre amoureuſement à
leur femme, la perſuaſion de la ſable,
la crainte du ſortilége, & l'amour con-
jugal, ſont un ſi grand deſordre dans
leur ame & dans leur ſang, qu'il ne leur
reſte de chaleur que pour ſe conſerver
la vie, bien-loin d'en avoir pour la
donner à un autre. Le trouble où ils ſe
trouvent alors, les fait ſouvent tomber
dans une humeur noire, qui leur cauſe
enſuite une haine pour leur femme
preſque irréconciliable. Ils ont de la
peine à la voir & à la ſoufrir; & quand
il eſt queſtion de la careſſer & de coucher avec elle, une certaine horreur
s'empare tellement de leur eſprit,
qu'ils

qu'ils ne font jamais plus contens que quand ils ne voïent plus l'objet de leur chagrin. Cette imagination bleffée, bien-loin de fe guérir par le tems, fent tous les jours augmenter fon mal, & ils publient enfuite eux-mêmes, auffi-bien que les autres, qu'ils ont été enforcelez, & qu'en fe mariant on leur a noüé l'éguillette.

Ce qui m'arriva fur ce fujet, il y a environ 35. ans, eft une preuve de ce que je dis. *Pierre Burtel*, tonnelier de fon métier & puis faifeur d'eau-de-vie, travaillant pour mon pere dans une de fes maifons de campagne, lui dit un jour de moi quelque chofe de défavantageux, ce qui m'obligea le lendemain de dire au tonnelier, que pour m'en venger, je lui noüerois l'éguillette quand il fe marieroit, comme il le devoit faire en peu de tems avec une fervante de notre voifinage. Cet homme crut bonnement ce que je lui difois, & bien que je ne lui parlaffe qu'en riant, néanmoins ces feintes menaces firent une fi forte impreffion fur fon efprit, déja préocupé des charmes, qu'après
être

être marié, il demeura près d'un mois
fans pouvoir coucher avec fa femme.
Il fe fentoit quelquefois des envies de
l'embraffer tendrement ; mais quand il
falloit exécuter ce qu'il avoit réfolu, il
fe trouvoit impuiffant : fon imagination étant alors embaraffée des idées
du fortilége. D'un autre côté, la femme qui étoit bien faite, avoit autant de
froideur pour lui qu'il en avoit pour
elle ; & parce que cet homme ne la
careffoit point, la haine s'empara auffi-
tôt de fon cœur, & témoigna pour lui
les mêmes répugnances qu'il avoit
pour elle. C'étoit alors un beau jeu de
les entendre publier l'un & l'autre
qu'ils étoient enforcelez, & que je leur
avois noüé l'éguillette. Je me repen-
tis alors d'avoir raillé de la forte avec
un homme fi foible, & je fis tout ce
que l'on peut faire dans cette ocafion
pour leur perfuader que cela n'étoit
pas : mais plus je proteftois au mari,
que ce que javois dit n'étoit que des
bagatelles pour me venger de lui, plus
il m'abhorroit & croïoit que j'étois
l'auteur de toutes fes infortunes. Le
Curé

Curé de Nôtre-Dame qui les avoit
mariez, emploïa même tout son esprit
& toute sa prudence à ménager cette
afaire. Enfin il en vint plutôt à bout que
moi, & rompit le charme par ses soins,
après vingt & un jour, sans que le marié
fut obligé de piller par l'anneau de son
épouse. Depuis ils ont vécu ensemble
près de 28. ans, & quelques enfans
sont nez de leur mariage, qui sont maintenant des bourgeois des plus aisez de
la Rochelle.

L'amour n'a jamais emploïé ses
soins que pour donner des agrémens à
l'un & à l'autre sexe. Il a voulu les obli-
ger par-là à se joindre souvent, & en
se joignant à perpétuer leur espéce.
On ne sauroit exprimer quels violens
desirs ils nous fait naître dans le cœur,
pour nous lier amoureusement; & si
ce n'étoit pas par un ordre exprès de
la nature, je ne saurois croire que les
envies qu'il nous inspire incellament,
fussent si pressantes qu'elles le font,
C'est une rêverie que de croire qu'un
Magicien puille s'y oposer, & que
nous ne puillions réfister à ses chames.

Les

Les belles portent avecs elles un filtre
& un fortilége bien plus preffant, &
c'eft contre celui-ci qu'il y a peu de
remédes. D'ailleurs le Mariage eft un
Sacrement, fur lequel le démon n'a
point d'empire. Il ne fauroit détruire
l'ouvrage de Dieu, ni ruiner ce que
Jefus-Chrift a établi par fes Loix fi faintes. Et je ne faurois croire qu'il y ait
aucune liaifon entre les actions d'un
tel art, & les myftéres de la nature &
de la grace. La haine des Démons &
la perfidie des Sorciers, ne doivent
point faire de peur aux Chrétiens, &
les Conciles ne nous défendent autre
chofe, que de ne pas croire qui nous
veulent perfuader qu'on peut nous lier
ou nous délier par la vertu des fortilé-
ges. Il y a déja long-tems que nous
fommes revenus de ces fortes de fo-
lies, que le Paganifme avoit inventées
pour abufer les efprits crédules. Si
tout le monde reffembloit à un *Duc de
Nevers*, qui aima mieux s'expofer au
péril de mourir par un flux de fang,
que de foufrir qu'on le lui arrêtât par
des paroles & par des charmes, affûrément

Fig. 12.

1 Figure d'homme

2. Figure d'homme

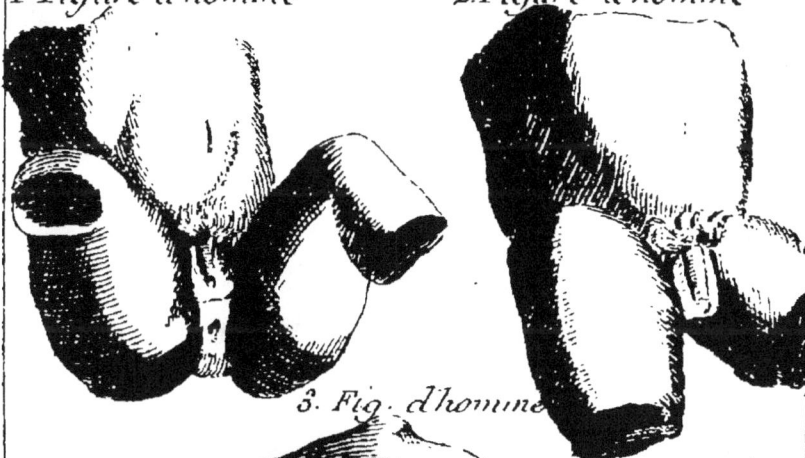

3. Fig. d'homme

4 Fig. de femme

5. Fig. qui n'est ni homme ni femme

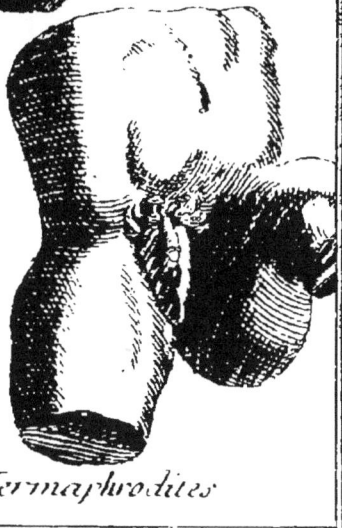

Figures des Hermaphrodites

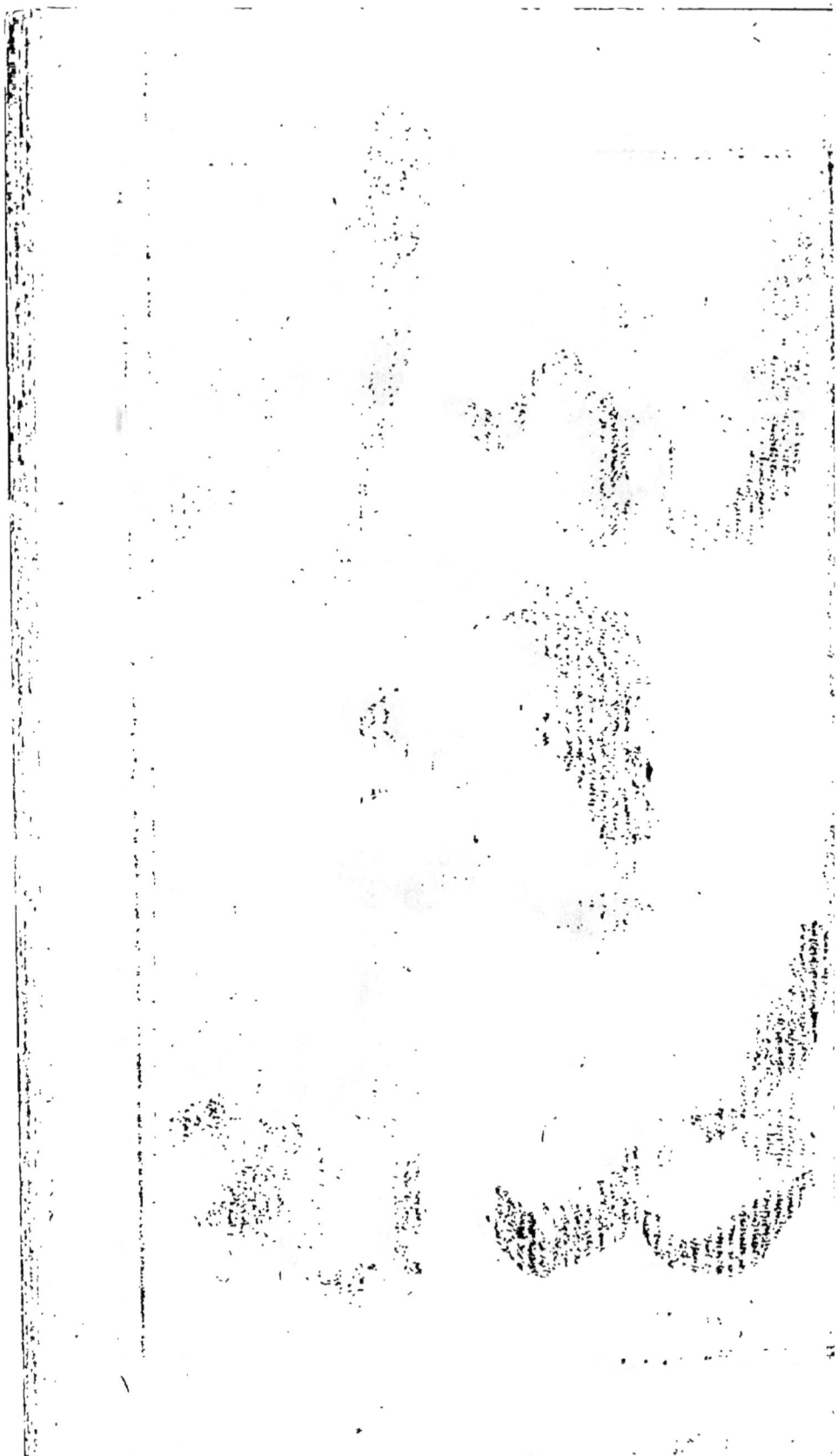

rément il n'y auroit pas tant de foibleffe parmi le peuple qu'il en paroît aujourd'hui, & le peuple Chrétien ne
feroit pas fi fot que de croire à cette
heure ce que l'on auroit eu de la peine
autrefois à perfuader aux Païens. C'eft
ce que difoit fouvent *S. Agobard*, Evêque de Lyon.

L'Aftrologie judiciaire & la Magie
n'ont aucun principe ni démonftratif
ni plaufible. Ceux-mêmes qui en ont
traité à fond, font encore prefentement
à s'en acorder ; & parce qu'elles impofent une fatalité indifpenfable aux
actions des hommes, elles font contraires à la Religion Chrétienne & aux
maximes d'un État bien policé.

Et pour parler en particulier, les
figures de *Gamahez*, les couleurs des
éguillettes, les caractéres des Talif-
mans, & les paroles du fortilége, n'ont
pas affez de pouvoir pour s'opofer à la
conjonction de l'homme & de la femme. La plûpart des hommes font plus
rafinez aujourd'hui qu'autrefois, & ils
ne fe laiffent pas aifément aller aux rêveries du Rabinifme aux impoftures

de l'Astrologie judiciaire, ni aux vaines persuasions de la Magie. Les paroles, pour ne m'étendre pas plus loin, ne sont qu'un soufle articulé qui exprime nos pensées ; & quand même nous serions possédez d'un esprit impur, nous ne saurions faire ce que l'on dit que fait un Sorcier par le nœud de l'éguillette. Tout au plus, le Démon n'auroit alors de pouvoir que sur le corps qn'il posséderoit, & son empire ne sauroit s'en étendre jusques sur l'autre partie de l'homme. Témoin l'Empereur *Frédéric Barberousse*, qui se moqua si justement des marques d'un Arabe, qui passoit pour Magicien, que les Milanois qu'il assiégeoit lui avoient envoïé.

D'autre part, qui peut croire que nos parties naturelles puissent être plutôt enchantées que les autres qui nous composent ? N'est-ce point peut-être, parce qu'elles servent à des actions impudiques & illicites, que le Démon prend de-là sujet de les enchanter ; Mais notre cœur n'est-il pas la source du mal que nous commettons

tons ? Nos mains n'exécutent-elles pas
fes pernicieux deffeins, & notre langue ne découvre-t-elle pas ce qu'il a
de mauvais? Cependant nous n'avons
point apris jufqu'ici, que notre cœur,
nos mains & notre langue aïent été
enforcelez.

Au refte, tout le monde fait que les
femmes ont plus de legéreté que nous
n'en avons, & que l'on en voit plus de
Sorciéres, ou plutôt de folles & de mé-
lançoliques, que l'on ne voit d'hommes Sorciers. Cependant, quand il eft
queftion d'engendrer, on diroit que le
Démon s'atache plûtôt aux hommes
qu'aux femmes, comme fi les parties
naturelles des hommes lui étoient plutôt deftinées que celles des femmes.

Dans cette fauffe penfée, l'on ne
manque ni de raifons aparentes, ni
d'autoritez recherchées, pour prouver
ce que l'on dit ordinairement là-deffus ; & la vérité dans cette ocafion n'a
pas tant de luftre que le menfonge.

Mais fi nous ne nous laiffons pas prévenir en faveur des enchantemens,
nous trouverons aifément la véritable
caufe

caufe pour laquelle ce font plutôt les
hommes qui font expofez à ces charmes imaginaires. La femme ne fait que
foufrir quand on la careffe, & c'eft affez qu'elle puiffe recevoir les impreffions de l'homme pour devenir féconde, au lieu qu'il faut des machines à
l'homme pour le faire agir, & peu de
chofe pour l'en empêcher. Si fon imagination eft bleffée par les défordres de
la femme; fi elle eft émuë par fa beauté, ou dégoûtée par fa laideur, fes parties amoureufes lui refufent l'obéiffan-
ce qu'elles lui doivent. Si un homme aime avec trop de paffion : fi la pudeur
ou la timidité ne peut foufrir les amorces de l'amour : fi les Courtifanes, ou
la débauche ont épuifé fes forces, &
qu'à caufe de cela il ne puiffe joüir des
plaifirs du mariage, on dira auffi-tôt
qu'il eft enforcelé, ainfi que le difoit autrefois l'Empereur *Néron* de lui-même,
& que l'éguillette lui a été nouée, comme s'il ne paroiffoit pas affez de caufes
naturelles qui le rendent froid & languiffant. Jamais on n'eût cru que *Théodoric*, Roi de Bourgogne n'eût été char-
mé,

mé, si auparavant il n'eût perdu ses forces entre les bras de ses Courtisanes ; & jamais *Hermamberge* n'auroit apréhendé le sortilége, s'il avoit été en état de la satisfaire.

Je ne parle point ici des hommes impuissans par la nature, ni de ceux qui ont quelques défauts dans leurs parties naturelles ; l'on sait assez qu'ils ne sont pas capables de s'allier étroitement à une femme : mais je parle seulement de ceux à qui il ne manque rien pour s'aquiter agréablement du devoir d'un mari.

Si nous avons un peu de force d'esprit, nous nous moquons de ce que quelques personnes spirituelles ont dit en raillant, ou en voulant profiter de la foiblesse des autres : nous nous moquerons, dis-je, du *Millepertuis* & de la *Ruë* cueillis de nuit, en disant quelques paroles obscures, cousus ensuite dans un linge, avec une aiguille qui a servi à ensévelir les morts, & puis pendus au col d'une fille, avec une éguilette de *nerf de loup*, pour l'empêcher d'être dépucelée. Nous nous rirons des

F f 3 *carac-*

caractéres *Ephésiens*, écrits avec du sang
de *chauve-souris*, & puis pendus au col
de la mariée pour le même éfet. Nous
tiendrons pour superstition ce que l'on
dit ordinairement des vertus de l'é-
guillette, faite, soit de *nerf de loup*, soit
de *peau de chat*, ou de *chien enragé*. On
aura beau la faire teindre d'une ou de
trois couleurs, la nouer de trois ou de
neuf nœuds, cracher sur la poussière
ou dans son giron, & de dire tout bas
quelques mots obscurs & barbares,
pendant que le Prêtre dit aux mariez
ces mots latins : *Ego vos coujungo :* Rien
de tout cela ne sera capable de faire sur
nous la moindre impression, si nous
avons tant soit peu de force d'esprit.

Nous n'avons que faire pour nous
garantir de ces charmes, de graisser la
porte de la chambre où l'on doit coucher, avec de la *graisse de loup* ou de
chien noir, d'attacher à la colomne du
lit des mariez des *testicules de coq*, de
jetter dans la chambre des *fèves coupées
par moitié*, & de faire beaucoup d'autres bagatelles que les vieilles femmes
ont inventées pour amuser les enfans.

Pour

Pour nous moquer des maléfices, nous n'avons befoin que de vigueur & de hardieffe, il ne faut qu'avoir été fage avec les femmes, & être amoureux quand on fe marie, pour méprifer tout ce qui peut s'opofer aux plaifirs du mariage. Et s'il faut s'expliquer ici plus nettement : voulez-vous rompre toute forte de charmes ? Soïez fobre & modérez toutes vos paffions, ne foïez ni fi lent ni fi ardent à l'amour; ufez de votre femme lorfque la nature vous excitera à l'embraffer. La chaſteté vous rallumera fouvent le feu que vous aurez perdu entre fes bras, & par-là, fi les mariez veulent, ils aprendront à fe moquer du fortilége : *Car c'eſt une grande partie de la fanté que de vouloir être guéri.*

On ne peut douter que les vapeurs noires d'une humeur mélancolique, ne puiffent troubler notre imagination & nous perfuader des chofes qui ne font pas. Nous en avons des exemples; & il ne fe paffe point d'années que je n'en faffe quelques obfervations, en faifant la médecine.

Si

Si un homme ne peut connoître sa femme, parce qu'il croit avoir l'éguillette nouée, il ne faut pas d'abord combatre directement son opinion. Plus on s'opiniâtrera à lui dire que c'est une bagatelle, plus il sera obstiné dans son sentiment. C'est l'éfet de l'humeur noire & mélancolique, que de rendre fermes ceux en qui elle domine. Tout ce que l'on doit faire dans cette ocasion, c'est de traiter cet homme comme un fol, & de tâcher de guérir son imagination blessée par quelque action de souplesse, comme *Montagne* guérit un Comte avec un petit Talisman d'or.

Un Juge Allemand demandoit un jour à une fameuse Sorciére ; *qui est ce qui pouvoit être le plutôt guéri d'un sortilége?* à quoi elle répondoit fort à propos que c'étoit celui qui gardoit le plus long-tems ses vieux souliers : voulant dire par-là qu'il ne falloit que du tems & de la patience pour guérir ceux qui pensoient être ensorcelez.

Je crois pourtant, ainsi que je l'ai dit ailleurs, qu'il y a des remédes pour

nous

nous rendre froids auprès des femmes,
sans que nous soïons pour cela char-
mez. Mais ce que l'on apelle sortilége
ou enchantement, ne se fait que par
un pacte tacite ou exprès avec le Démon ; & pour cela l'on ne se sert que
de paroles obscures, de figures, d'herbes sans vertu, & d'autres bagatelles,
qui nous font bien voir que ce n'est
pas la nature qui agit, mais toute autre chose.

Il est impossible que le Diable, pour
venir à la seconde proposition que je
dois examiner en peu de mots, puisse
empêcher la nature d'agir, quand elle
a tout ce qu'il lui faut pour agir. L'enfant qui se forme dans les flancs de la
mere, ne s'y forme que par un exprès
commandement de Dieu. Le Démon
n'a nul pouvoir d'empêcher la génération, & encore moins quand elle est
apuïée par le Sacrement du Mariage.
La nature suit inviolablement les ordres du Créateur, quand elle n'est point
empêchée dans son action par quelques causes naturelles ou violentes : &
si le Démon ou un Sorcier peut s'oposer

fer à la conception, ou plutôt : *fi le Prince des Puiffances de l'air*, pour me fervir de l'expreffion de S. Paul, *exerce fon pouvoir fur les incrédules & fur les rebelles*, ce n'eft point par fort, mais par l'impie crédulité d'une femme, par fa peur, ou par l'agitation extraordinaire de fon fang & des humeurs. Car qu'un ferpent mis fous le feuil d'une porte, puiffe rendre une femme ftérile, il n'y a que les fols & les hypocondriaques qui puiffent le croire.

J'ajoûterai encore à ce que je viens de dire, que s'il eft vrai que *Jefus-Chrift* foit venu enchaîner le Démon pour l'empêcher de nous nuire, & qu'il y ait préfentement des hommes plus éclairez que dans les fiéles paffez, qui fe font aperçûs de la foupleffe des uns & de la foibleffe des autres, on ne doit pas s'étonner fi on ne voit pas à cette heure tant de Sorciers qu'autrefois. *Médée* qui ne fe fervoit que d'herbes qui agiffent par des qualitez manifeftes, paffoit pour Sorciére dans un fiécle ignorant, & un Joueur de Gobelets paffereoit pour Magicien parmi les Siamois,

mois, s'il leur faisoit voir ses souplesses & son industrie.

C'est une grande marque de sagesse de ne croire pas légerement tout ce que l'on nous dit des charmes & du sortilége. Si l'on purgeoit avec l'hellébore, ou avec le vin émétique tous ceux qui pensent avoir l'éguillette nouëe, je ne doute point qu'ils ne fussent pour la plûpart bientôt guéris des maladies du cœur & du cerveau, que leur cause l'humeur mélancolique. C'étoit le sentiment du grand Jurisconsulte *Alciat*, qui avoit assisté aux procès de beaucoup de Sorciers, & qui disoit, pendant qu'on les brûloit du côté de Bearn, que le feu n'étoit pas un si bon reméde pour eux que la purgation. En éfet, nous ne voïons pas que les Parlemens les plus sensez aïent été si foibles dans ces derniers siécles que de se laisser seduire aux impostures des Sorciers. Celui de Paris se moque avec raison de ces bagatelles, & cette Illustre Compagnie ne s'est jamais repentie, comme ont fait les aures, d'avoir été trop faciles à persuader.

Si

Si l'on eût purgé plusieurs fois le cerveau de *Gratienne Gaillard*, femme de *Jean d'Auroux* de Berri, qui tomboit dans de fâcheux accidens, lorsque dans les premiéres années de son mariage on lui parloit de son mari, au lieu de la démarier comme fit M. *la Chapelle*, Official du Diocèse de Bourges, sans doute que l'on auroit mieux agi dans cette ocasion. Car puisque M. *Couturier*, Docteur en Médecine, & deux autres Médecins, jugérent qu'elle étoit folle, il n'y avoit point d'autres rémedes pour la remettre en son bon sens, que ceux que nous avons proposez.

Les Exorcistes anciens en usoient bien mieux que ne font aujourd'hui nos modernes. Jamais ils n'entreprenoient de faire sortir par les priéres de l'Eglise le Démon du corps des possédez, que les Médecins n'eussent auparavant bien purgé le malade.

Si de grands hommes ont semblé croire aux impostures des Sorciers, ils ont voulu parler comme le peuple, & ont été quelquefois bien aises de

se

fe laifer tromper avec lui. L'art fait fouvent paroître des chofes furprenantes. La nature s'en mêle quelquefois ; mais Dieu ne permet que fort rarement qu'il fe faffe des prodiges & des miracles, & c'eft à mon avis une foible raifon de dire que Dieu permet tout ce que l'on croit pour l'ordinaire des enchantemens.

Mais je rapelle dans mon efprit que l'on eft fort mal récompenfé, après avoir écrit pour ou contre les Sorciers, & que *Bodin*, qui fe déclara autrefois leur ennemi capital, a paffé auffi-bien pour Magicien que *Wier*, qui en entreprit la défenfe. Jamais *Apulée*, acufé de magie, ne fe feroit tiré d'afaire avec toute fa philofophie & tout fon bel efprit, fi *Lollianus Avitus*, ami de *Claudius*, n'eût intercédé pour lui auprès de ce Préfident. On me permettra donc de n'en rien dire davantage, & il fufit que *Naudé* ait fait en ce fiécle l'Apologie des grands hommes acufez de magie.

✿✿✿✿✿✿✿✿✿✿✿✿✿✿✿✿✿✿✿✿

CHAPITRE IV.

Des Hermaphrodites.

IL faut avouer que la nature se jouë quelquefois, lorsqu'elle donne aux parties qui distinguent les sexes, une figure diférente de celle qu'elles doivent naturellement avoir. Il n'y a qu'à lire les histoires des Hermaphrodites, pour aprendre que des personnes ont eu tout ensemble les parties naturelles d'un homme & d'une femme. Ce sont ces gens que l'on jettoit autrefois dans la mer où dans la riviére, ou que l'on réléguoit dans quelque Isle déserte, comme des présages de quelque sinistre événement.

Si l'intelligence qui travaille dans les entrailles d'une femme, manque quelquefois à former les parties les plus nobles & les plus nécessaires à la vie d'un enfant, on ne doit pas s'étonner s'il lui en arrive autant dans la formation des parties génitales. Mais parce
que

que la propagation de l'efpéce n'eſt
pas d'une ſi grande néceſſité que l'exiſ-
tence de la vie, nous ne voïons pas auſſi tant de défaut dans le cœur, dans le
cerveau, dans le foïe & dans les autres
parties principales, que dans les parties amoureuſes des hommes & des
femmes. En éfet, il ne ſe paſſe guéres
de luſtres que l'on n'entende parler de
quelques Hermaphrodites, qui autrefois paſſoient pour des prodiges &
pour des monſtres, & qui ſont aujour-
d'hui regardez comme quelque choſe
de fort curieux.

1. J'en compte de cinq eſpéces. Les
premiéres ont toutes les parties naturelles d'un homme fort bien faites; ils
urinent & engendrent comme les autres hommes : mais avec cette diférence, qu'ils ont une fente aſſez profonde entre le ſiége & la bourſe, qui eſt
inutile à la génération.

2. Les autres ont tout de même les
parties naturelles d'un homme fort
bien figurées, qui leur ſervent à faire
les fonctions de la vie & de la génération. Mais ils ont une fente qui n'eſt

Gg 2   pas

pas fi profonde que celle des premiers,
& qui étant au milieu de la bourfe,
preffe les teſticules d'un côté & d'autre.

3. On ne découvre dans les troifiémes aucunes parties naturelles d'homme; l'on ne voit feulement qu'une
fente, par la quelle l'Hermaphrodite
urine. Cette cavité a plus ou moins de
profondeur, felon le défaut de la matiére qui a été emploïée à la former:
mais cependant le doigt en trouve aifément le fond. Les régles ne coulent
jamais par-là, & cette efpéce d'Hermaphrodite eſt un véritable homme
auffi-bien que les deux autres. Ce font
ces fortes d'Hermaphrodites, qui à l'â-
ge de 15. ou de 18. ans, deviennent
garçons, de filles qu'ils avoient été ef-
timez auparavant: témoin la femme
de ce Pêcheur, qui, au raport d'*Antoine de Palerme*, devint homme après
quatorze ans de mariage. Toutes les
parties d'un homme lui fortirent tout-
d'un-coup, & elle parut alors à fon
mari auffi vaillante que lui dans l'action naturelle des hommes.

4. Les

4. Les quatriémes font des filles, qui ont le clitoris plus gros & plus long que les autres, & qui par-là impofent au peuple, qui n'eft pas favant dans les parties qui les compofent. Ce font elles que les Grecs apellent *Tribades*, dont les François ont formé le mot de *Ribaudes*; & c'eft auffi de cette efpéce d'Hermaphrodites dont *Columbus* dit avoir examiné les parties internes & naturelles fans y avoir trouvé aucune chofe effentielle diférente des parties naturelles, des autre femmes. La feule marque que ce font des filles, c'eft qu'elles foufrent tous les mois l'écoulement de leurs régles.

5. Enfin, les cinquiémes font ceux qui n'ont l'ufage ni de l'un ni de l'autre fexe, & qui ont les parties naturelles fi confufes, & le tempérament d'homme & de femme fi mêlé, que l'on auroit de la peine à dire lequel l'emporte fur l'autre. Telle étoit la Bohémienne, qui pria le même *Columbus* de couper fa verge & d'élargir le conduit de fa pudeur, pour avoir la liberté, difoit-elle, de fe joindre amoureu-

felement à un homme. Mais ces fortes de perfonnes font plutôt un efpéce d'Eunuque que d'Hermaphrodite, leur verge ne leur fervant de rien & les régles ne leur venant jamais.

Je ne prétens point parler ici de ces femmes à qui les régles manquent, pour quelque caufe que ce foit ; on eft aifément perfuadé qu'elles ne changent point de fexe, & que leurs parties naturelles demeurent toujours les mêmes ? mais on fait auffi qu'elles peuvent changer de tempérament & prendre celui d'un homme comme l'a remarqué *Hipocrate* dans la perfonne de *Phaétufe.*

Beaucoup de perfonnes affurent, & il eft même vrai, qu'il y a des Hermaphrodites ; mais aucun ne nous inftruit véritablement de leurs caufes éficientes & matérielles : examinons-en donc exactement la fource.

1. Il y a fur cette matiére plufieurs raifonnemens. Les uns penfent que la conjonction de *Vénus* & de *Saturne* difpofe fi confufément dans les flancs d'une femme la matiére qui fert à former
un

un enfant, qu'il naît delà un Hermaphrodite.

2. Les autres croïent que les Hermaphrodites se forment pendant que
les régles coulent : & que les régles
étant toûjours impures, elles ne peuvent produire que des monstres.

3. Les troisiémes disent que la nature
aïant un soin particulier pour la propagation des hommes, s'éforce toûjours autant qu'elle peut à engendrer
plutôt des femelles que des mâles. Aussi voïons - nous, ajoûtent - ils, beaucoup plus d'hommes Hermaphrodites
que des femmes : la nature aïant marqué à ces premiers les vestiges des
parties naturelles de la femme.

4. Les autres croïent que l'homme
& la femme aïant contribué tous deux
également à la génération, la faculté
formatrice qui tâche de rendre le corps
sur lequel elle travaille semblable à
ceux dont elle est sortie, imprime autant qu'elle peut sur ce corps les caractéres d'homme & de femme, ce qui
fait un Hermaphrodite : si bien qu'il
s'en est vû qui étoïent capables d'en-
gen-

gendrer dans les deux fexes, & qui avoient la mammelle droite d'homme & la gauche de femme.

5. Les cinquiémes fe perfuadent que Dieu aïant fait l'homme mâle & fémelle , comme parle l'Ecriture , nous avons effentiellement en nous-mêmes la faculté de devenir l'un & l'autre fexe, & que par conféquent il ne faut pas s'étonner s'il naît quelquefois des Hermaphrodites , puifque nous le fommes en puiffance.

Enfin il y en a qui difent là-deffus tant de fables, que je ne faurois me réfoudre à raporter leurs fentimens.

1. Si nous examinons les raifons de ceux qui difent que la conjonction de *Vénus* & *Saturne* eft la caufe des Hermaphrodites , & nous verrons clairement qu'elles font trop foibles pour nous perfuader. Ces aftres font trop éloignez de nous pour être les caufes prochaines d'un tel éfet, & pour avoir un empire abfolu fur le corps d'un enfant qui fe forme dans les entrailles de fa mere. Et s'il étoit vrai que leur conjonction put caufer ces diformitez, au

moins ne feroit-ce pas dans deux Hermaphrodites nez dans les diverfes faifons d'une même année.

2. Les feconds ne me perfuadent
pas plus ; car , felon leur fentiment, il
dévroit plutôt naître des galeux des
ladres & des valétudinaires que des
Hermaphrodites , fi la conception fe
faifoit pendant le flux des régles , comme nous l'avons remarqué ailleurs.

3. Je ne fuis pas non plus convaincu par les raifons des troifiémes ; car
la nature n'étant que la puiffance de
Dieu dans la production des animaux ,
elle ne travaille jamais felon fes ordres
naturels que fur la matiére qu'on lui a
donnée ; & par conféquent les Hermaphrodites dépendent plutôt de la
difpofition de la matiére , comme nous
verrons ci-après , que du deffein pré-
médité de la nature.

4. Le fentiment des quatriémes fent
fi fort la fable , que ce feroit perdre du
tems que de s'arrêter à le réfuter ; car la
faculté formatrice , qui n'eft qu'un éfet
de l'ame , ou l'ame même , fi l'on veut,
n'a pas le pouvoir de faire des diférences

ces manifestes ; & la génération ne se
faisant que par le mélange & la fermentation des deux semences , comme
nous l'avons prouvé ailleurs, elle ne
peut en séparer les actions , quand les
semences font une fois jointes : si bien
qu'il ne s'est encore jamais vû d'Hermaphrodite qui pût user indiferem-
ment de ses deux parties naturelles &
en produire des enfans. Si nous avons
quelques histoires là-dessus , ce font
toujours de véritables femmes qui
abusent de leur clitoris, avec lequel
elles ne peuvent jamais engendrer
dans un autre.

5. Enfin , de croire que nous soïons
Hermaphrodites en puissance , c'est
une imagination tirée de *Platon*, &
une erreur qui fut condamnée fous le
Pape *Innocent I I I.* Et quoique l'Ecriture paroisse d'abord favorable à ce fentiment , cependant si on la confidére
de bien près , on verra qu'elle a un
fens tout autre que celui qu'on lui veut
donner.

Mais pour dire ce que je pense sur
une matiére aussi dificile que celle-ci,

il

il me femble qu'on doit prendre la chofe de fort loin, & fe fouvenir de ce que nous avons dit ailleurs de la caufe de la génération des garçons & des filles, après-quoi il fera ce me femble aifé de connoître ce qui fait la confufion des fexes.

Nous avons dit que la femence étoit le plus fouvent indiferente pour les deux fexes, & que fi elle trouvoit une boule dans les cornes de la matrice qui renfermât une matiére chaude, féche, refferrée, preffée & pleine d'efprits, elle la réndoit féconde pour en faire un garçon. Mais que fi elle en rencontroit une autre qui fût moins chaude & moins féche, plus ouverte & plus molette, & moins remplie d'efprits que la premiére, elle ne laiffoit pas de l'animer pour en faire une fille.

Nous avons encore dit, que fi la matiére qui étoit renfermée dans une autre boule, étoit tellement tempérée dans fes qualitez & égale dans fa matiére, qu'elle fût dans un parfait équilibre à l'égard de toutes ces chofes, la femence de l'homme déterminoit cette matiére pour un garçon ou pour une fille, felon le plus ou le moins de feu & d'efprits qu'elle portoit avec fa matiére lâche ou refferrée.

Mais fi par hazard la femence de l'homme a plus de difpofition pour déterminer à l'un des deux fexes la femence tempérée de la femme, alors il fe fait un Hermaphrodite, qui a plus de raport à l'un ou à l'autre, felon les diférens éforts de la femence animée de l'homme ou de la femme.

Pour éclaircir davantage cette dificulté, examinons la chofe de plus près. L'intelligence d'un enfant, ou fon ame immortelle, fi l'on veut, qui a travaillé depuis le commencement de la formation de cette créature à fe faire un domicile, & qui a déja achevé la plûpart de fes parties principales, commence vraifemblablement vers le trente-cinquiéme jour à s'emploïer à faire les parties naturelles d'un garçon. Elle prend donc la matiére qu'elle a d'abord choifie pour cela & qu'elle a mife dans l'endroit où doivent être pofées les parties naturelles

relles de l'enfant. Elle travaille inceſſament à les former ; mais parce
qu'elle manque de matiére pour les
acomplir, elle emprunte des parties
voiſines, aimant mieux rendre celles-
ci défigurées, que de manquer à former parfaitement les parties qui doivent ſervir à la génération. 2. Et ce
ſont les défauts qu'on remarque dans
les deux premieres eſpéces d'Hermaphrodites, dont nous avons parlé ci-
deſſus, qui ſont de véritables hommes.

3. Mais lorſqu'il ne ſe trouve guéres
de matiére pour faire les parties génitales d'un garçon, on ne ſauroit dire
quelle œconomie l'intelligence prend
pour former ces parties. Elle épargne
la matiére ; elle ménage le lieu, & diſ-
poſe ſi bien toutes choſes, qu'elle forme parfaitement les parties génitales
d'un garçon ; mais elle les forme en
dedans, manquant de force, de chaleur & de matiére pour les faire ſortir
au-dehors. C'eſt de cette ſorte qu'elle
agit, en formant les parties naturelles
de la troiſiéme eſpéce d'Hermaphrodites, qui ſont eſtimez des filles, bien

Tome II. H h qu'ils

qu'ils foient de véritables garçons.

Ce font ceux-ci qui changent de fexe, & qui de filles qu'ils étoient efti-
mez auparavant, deviennent hommes, qui fe marient enfuite, & qui
font les peres de plufieurs enfans. La
chaleur naturelle & génitale devenant
tous les jours plus forte, pouffe au-dehors à l'âge de 15. de 20. ou de 25.
ans, les parties amoureufes, qui
étoient demeurées cachées jufqu'à ce
tems-là, comme il arriva à cette fille
Italienne qui devint homme du tems
de l'Empereur *Conftantin*, comme *Saint
Auguftin* nous le raporte. C'eft peut-
être auffi quelque éfort violent qui fait
fortir ces mêmes parties; témoin *Marie Germain*, dont parle *Paré* qui aïant
fait un grand éfort en fautant un foffé,
devint homme à la même heure par la
fortie des parties naturelles.

4. Au lieu que l'intelligence manquoit de matiére pour former les
parties des trois premieres efpéces
d'Hermaphrodites, dont nous venons
de parler, dans la quatriéme il s'en
trouve plus qu'il ne faut. L'intelligence,

ce , qui vers le quarante-cinquiéme jour de la formation d'une fille , est en peine de placer toute la matiére qu'elle a d'abord réservée pour former ses parties amoureuses , se détermine enfin à faire le clitoris beaucoup plus gros & plus long qu'il n'a coûtume d'être , afin de laisser aux parties génitales interne de cette fille une figure naturelle pour servir un jour à la génération : car elle aime beaucoup mieux manquer dans les choses superfluës que dans les nécessaires. Ce sont ces sortes d'Hermaphrodites , qui étant de véritables femmes , ont fait acroire à beaucoup de gens qu'elles étoient aussi des hommes. C'est ainsi que *Montuus* a pris son Hermaphrodite pour un homme , lorsqu'il caressoit amoureusement ses servantes , & pour une femme , lorsqu'elle se lioit amoureusement à son mari pour avoir des enfans.

Bien que ces quatres espéces d'Hermaphrodites aïent mérité ce nom, la nature ne leur a pourtant pas refusé l'avantage de se servir de leurs parties

H h 2   géni-

génitales & d'engendrer comme les
autres. Les hommes Hermaphrodites
font des enfans, & les femmes Hermaphrodites conçoivent : si bien que les
uns & les autres ne difèrent des hommes & des femmes, que par quelques
parties qui manquent ou qui font fuperfluës, mais qui fouvent ne troublent point la génération. Cette femme que l'on apelloit *Emitie*, qui étoit
mariée avec *Antoine Sperta*, au rapoit
de *Pontanus*, fut estimée femme pendant fon mariage de 12. ans ; mais elle
fut enfuite réputée homme après s'être
alliée à une femme.

5. Il n'en est pas de même de la cinquiéme efpéce que l'on peut apeller
parfaits & véritables Hermaphrodites,
puifqu'ils n'ont l'ufage ni de l'un ni de
l'autre fexe. Et c'eft de cette forte
qu'ils fe forment dans les flancs de leur
mere.

L'intelligence qui a le foin de compofer ce petit corps Hermaphrodite,
eft fort en peine quand elle trouve
dans le ventre de fa mere une matiére
qu'elle peut ménager pour faire fes
par-

parties génitales. D'un côté, la matiére eſt humide, & molette; de l'autre elle eſt ſéche & reſſerrée, ici elle eſt
chaude, là elle eſt froide : en un mot,
c'eſt une matiére qui a des parties ſi
diférentes & ſi rebelles, qu'il eſt impoſſible de les pouvoir ménager ; &
avec cela il y a ſi peu de matiére, qu'elle manque de chaleur & d'eſprits, dont
l'intelligence ſe ſert toujours pour former toutes les parties de nos corps. Si
c'eſt un garçon qu'elle entreprend de
former ; il deviendra, quand il ſera
homme, trop froid & trop lent pour
engendrer & aura des défauts dans ſes
parties génitales. Si c'eſt une fille, elle ſera un jour trop chaude & trop ſéche, & manquera d'organes, de ſemence & de régles pour former & faire
vivre un enfant.

Néanmoins l'intelligence doit ache-
ver ſon ouvrage, de quelque matiére
que ce ſoit. Elle y travaille donc fortement, & feroit ſans doute des parties qui feroient en quelque façon dé-
terminées à l'un des ſexes, ſi la matiére n'étoit point inégale ni d'une com-

ple-

plexion diférente. Enfin elle forme un Hermaprodite , ou , si l'on veut, un monstre , qui n'est ni homme ni femme , & qui n'a pas les parties naturelles de l'un ni de l'autre sexe.

On pourroit acuser l'intelligence de s'être trompée dans la figure qu'elle a donnée aux parties naturelles d'un enfant Hermaphrodite. Car on ne peut pas douter que les intelligences, quelques savantes qu'elles soient , ne puissent se tromper quelquefois, & ne pas faire les parties justes : mais que l'on se détrompe là-dessus , l'intelligence a trop de lumiére pour manquer dans cette ocasion, quand elle a une matrice bien disposée.

Cela étant ainsi expliqué , on peut maintenant répondre aux questions que l'on fait ordinairement sur cette matiére : savoir,

1. Si les filles peuvent être changées en garçons, & les garçons en filles ?

2. Si un Hermaphrodite peut user de l'un & de l'autre sexe , & s'il peut engendrer ?

3. Si l'Hermaphrodite peut concevoir

voir dans lui-même, fans fe joindre à
perfonne ?

4. Si un Prêtre peut marier un Hermaphrodite, ou une perfonne qui eft
acufée de l'être ?

5. Si un Hermaphrodite peut fe faire
Moine ou Religieufe.

I. Pour éclaircir la première queftion, on doit favoir que le tempérament d'un homme eft fi diferent de celui d'une femme, qu'il eft impoffible
qu'il arrive dans la nature un changement fi extraordinaire. La complexion d'un homme ne confifte pas feulement dans une certaine union des premiéres & des fecondes qualitez, mais
dans un certain mélange & un arrange-
ment de la matiére dont il eft compofé.
Et par conféquent il eft impoffible
qu'un garçon devienne fille, & qu'une
fille devienne garçon, le tempérament
de l'un & de l'autre étant une chofe
trop éloignée, comme nous l'avons
examiné ailleurs.

D'autre part, ceux qui fe font apliquez à difféquer des hommes & des
femmes, favent bien que leurs parties
géni-

génitales font fort diferentes entr'elles; & fi la nature leur a donné un efpace fufifant pour placer les unes, elle leur en a refufé un pour placer les autres. Ainfi je pourrois dire, avec le favant *Varole*, *qu'il eft impoffible que les deux fexes fe puiffent trouver véritablement dans un même corps.*

Il eft vrai pourtant que nous aprenons par quelques hiftoires que nos Médecins ont écrites, que des perfonnes qui avoient été d'abord eftimées filles, étoient devenuës hommes dans la fuite, leurs parties naturelles d'hommes s'étant manifeftées, ou par les enjouëmens du mariage, ou par l'abondance & la force de la chaleur naturelle, ou enfin par quelque mouvement violent. Mais à dire le vrai, ce n'étoient que des hommes cachez, comme étoit cette fervante de 18. ans qui mourut de pefte, dans le corps de laquelle *Jean Bauhin*, Médecin de Lyon trouva les mêmes organes qui fervent aux hommes pour la génération.

On peut dire encore que les femmes qui paffent quelquefois pour des hommes
mes,

mes qui ont quelque poil au menton
& par le corps, & qui ont la voix un
peu groſſe, ne ſont que de véritables
femmes, bien qu'elles ſe divertiſſent
de leur clitoris avec leurs compagnes.
Si bien qu'après tout cela; on ne peut
pas dire que les uns ſe ſoient changez
dans les autres : car nous n'aprenons
point que les hommes ſoient devenus
femmes, & que leurs parties naturelles ſe ſoient anéanties, ou ſoient re-
tournées en dedans pour former les
parties d'une femme : & le peu d'hiſtoires que l'on nous fournit ſur ce ſujet, ſont toutes fort ſuſpectes, mal entenduës ou fabuleuſes : témoin l'hiſtoire qu'*Auſone* nous raporte d'un Hermaphrodite de *Benevent* en Italie, où il
fait à deſſein un équivoque pour ſuſ-
pendre l'eſprit du Lecteur dans une
choſe rare & extraordinaire.

Il n'y a plus aujourd'hui de *Thiréſias.*
La fable céde à la vérité, & l'on ne
croit plus à cette heure ce que l'on
crôioit autrefois ſi aiſément. Les deux
hommes Hermaphrodites de *Licétus,*
dont l'un s'étoit marié & l'autre rendu
Moi-

Moine, ne laisserent pas l'un & l'autre de concevoir & de porter un enfant dans leurs flancs.

Mais aussi ce n'étoient que de véritables femmes, que l'on avoit d'abord prises pour des hommes, à cause de la longueur & de la grosseur de leur clitoris. Ainsi nous devons croire que les parties génitales d'un homme ne sauroient se retirer au dedans pour se placer, comme doivent être placées les parties naturelles de la femme ; & quand même cela se pourroit faire, je ne saurois me persuader qu'il y eût un lieu assez spacieux pour les y contenir.

Il faut donc conclure que ces changemens sont impossibles : que les Hermaphrodites qui conçoivent, sont de véritables femmes : que les autres qui font concevoir sont de véritables hommes : & que si les intelligences qui ont le soin de former les corps, se trompent quelquefois dans leur ouvrage, c'est bien plûtôt par la faute de la matiére, que par leur propre ignorance.

II. La seconde question est aisée à décider, après ce que nous venons de dire ;

dire ; car de s'imaginer qu'un Hermaphrodite puiſſe uſer de l'un & de l'autre ſexe , & qu'il puiſſe engendrer par
les deux , c'eſt ce que l'on ne pourroit
perſuader qu'à des enfans. De deux
diférentes parties naturelles qu'a un
Hermaphrodite , il y en a toûjours une
qui eſt inutile parce qu'elle eſt contre
les loix de la nature , & que l'intelligence ne l'a faite que par force , ne
trouvant pas aſſez de matiére , ou en
trouvant trop pour former les parties
dont l'enfant auroit beſoin pour la génération. Car quelle confuſion feroit-
ce de trouver dans un ſeul corps des
teſticules d'homme & de femme , une
matrice & un membre viril ; en un
mot tout l'atirail des parties génitales
d'un homme & d'une femme ? Le tempérament de l'un & de l'autre , s'il faut
le répéter , eſt trop diférent pour être
uni enſemble & pour être changé ,
quand il faudroit ſe ſervir de l'une ou
de l'autre de ſes parties naturelles.

Les Loix Civiles , qui n'eſtiment
point les Hermaphrodites pour des
monſtres , veulent qu'ils choiſiſſent
l'un

l'un ou l'autre fexe, pour avoir lieu dans l'une de ces deux qualitez, ou d'homme ou de femme, de fe joindre amoureufement à une femme ou à un homme. Et fi l'Hermaphrodite n'exécute pas exactement la loi, cette même loi veut qu'il foit puni en Sodomite, puifqu'il a abufé d'une partie contre les loix de la nature. Ce fut pour cette raifon que la Servante Ecoffoife qui avoit choifi la qualité de fille, & puis qui engroffa la fille d'un Bourgeois, fut enterrée toute vive par Sentence du Juge, fi nous en voulons croire *Weinrich*; & que *Françoife de l'Eftange*, dont parle *Papon*, laquelle avoit badiné avec *Catherine de la Manière*, fut avec elle apliquée à la queftion par le Sénéchal de Landes, & elles auroient été toutes deux condamnés à la mort, fi les témoins euffent été fufifans.

1. 2. Les Hermaphrodites de la première & de la feconde efpéce, peuvent careffer des femmes en qualité d'hommes, & peuvent même faire des enfans, leur défaut étant fi peu de chofe,

chofe, qu'il ne change rien dans la virilité. Car bien qu'ils puiffent ufer de
la partie de femme qu'ils femblent
avoir, s'ils n'en reçoivent pourtant aucun plaifir, ni ne fauroient engendrer
par-là.

3. Il n'en eft pas ainfi de la troifiéme efpéce, il faut atendre un âge vigoureux pour careffer une femme,
quand même quelques-uns s'y feroient
alliez après la fortie de leurs parties
naturelles; ils auroient de la peine à
engendrer, étant du nombre de ceux
que la loi apelle froids.

4. Le clitoris qui fait eftimer les
femmes pour des hommes, s'il eft gros
& long, eft la caufe qu'un homme ne
peut connoître fa femme; mais fi cette partie eft médiocre, nous voïons
tous les jours, par expérience, que ces
fortes de femmes conçoivent, & quoiqu'elles fe fervent de cette partie pour
badiner avec les autres femmes, à qui
elles donnent fouvent prefque autant
de plaifir que des hommes; cependant
on ne doit point efpérer de génération par-là, puifque le clitoris n'étoit

pas troué, l'Hermaphrodite ne peut donner aucune matiére pour la génération : témoin *Daniel de Baubin*, qui badinoit bien avec fa femme, mais qui pût bien être engroffé lui-même par un de fes camarades.

5. J'avouë que la derniére efpéce d'Hermaphrodite n'eft point capable de careffer une femme, ou d'être careffé d'un homme, & encore moins d'engendrer. Il a les parties naturelles tellement froides & débiles, & avec cela fi mal faites, qu'il n'y a pas lieu d'efpérer qne l'amour puiffe les échaufer ; pour joüir des voluptez que la nature a préparées aux autres hommes.

Il eft donc vrai, à parler en général, que quelques hommes Hermaphrodites peuvent careffer amoureufement des femmes, & peuvent même leur faire des enfans ; & que quelques femmes Hermaphrodites peuvent auffi être careffées & concevoir quelquefois, les uns & les autres fe fervant des parties qui prévalent & qui font les plus acomplies.

III. Sur ce que les Naturaliftes difent,

sent, que les Hyénes & les Liévres mâles engendrent une fois en leur vie
un petit au-dedans de leurs entrailles ;
& sur ce que le docte *Langius* soûtient
que les Cerfs en font de même, l'on
doute si les Hermaphrodites les plus
vigoureux dans les deux sexes ne peuvent point aussi engendrer dans eux-
mêmes, sans avoir la compagnie d'aucune autre personne. Car ils ont, dit-
on, de la matiére pour former un enfant, un lieu pour le concevoir, des liqueurs pour le nourrir ; si bien qu'en
cette rencontre il ne manque rien
pour la génération.

Mais si l'on fait réflexion sur ce que
nous venons de dire, & sur ce que
nous remarquerons au Chapitre suivant, on demeurera d'acord que ces
générations sont impossibles & ridicules tout ensemble : que les observations
qu'ont fait les Naturalistes sont fort
suspectes & sentent la fable ; & qu'enfin ils peuvent s'être trompez, en prenant quelques parties des femelles
pour les testicules des mâles. Car quelle aparence de faire sortir de la semen-

ce

ce d'une partie pour la faire entrer dans un autre, sans qu'elle s'évente & qu'elle s'altére en changeant de lieu? Et quand même cela seroit possible, le tempérament qui engendre de la semence masculine, pourroit-il en faire de féminine, & produire des régles en même-tems, ou quelqu'autre chose qui y fut proportionnée? Cela me paroît si éloignée de la raison, & de l'expérience de tous les jours, que je laisse cette question pour passer à une autre, savoir, si un Prêtre peut marier une personne acusée d'être Hermaphrodite.

IV. Bien que le Jurisconsulte *Majolanus* fasse tous les Hermaphrodites irréguliers & incapables du Sacrement de Mariage; cependant il me semble que cette décision est trop générale & qu'elle choque même les loix, puisqu'il y a des Hermaphrodites si vigoureux à embrasser les femmes, & d'autres si disposez à soufrir agréablement un homme, qu'il y auroit de l'injustice à défendre le mariage aux uns & aux autres. Car si les premiers

miers ont les parties naturelles du fexe
mafculin bien faites & bien proportionnées, comme il s'en trouve quelques-uns, une petite fente de nulle
confidération n'empêchera pas l'action
amoureufe de ces hommes Hermaphrodites, non plus qu'un clitoris un
peu allongé ne s'opofera pas aux careffes que pourra faire un homme aux
femmes Hermaphrodites. Ainfi, fi les
uns ont leurs parties capables de divertir une femme, & que les autres foient
difpofez à recevoir les careffes d'un
homme, je ne doute pas qu'un Prêtre ne puiffe conférer le Sacrement de
Mariage à l'un & à l'autre, pourvû
néanmoins que cela ne fe faffe que par
l'autorité du Juge, qui doit être auparavant dûëment informé par des perfonnes favantes, & par le ferment de
l'Hermaphrodite, de l'état où il fe
trouve & de la partie qui domine
en lui.

En éfet, comme les Juges ignorent
fouvent les marques dont on fe fert
ordinairement pour connoître la force
& la capacité d'engendrer de l'un &

de l'autre fexe, ils ne doivent jamais décider là-deſſus ſur la ſeule foi des Hermaphrodites, ſans le raport de quelque ſavant Médecin. Celui-ci leur ſera remarquer que la hardieſſe, la vivacité dans les actions, la voix forte, beaucoup de poil ſur le corps, & principalement à la barbe & aux parties naturelles, avec tous les autres ſignes qui découvrent la virilité d'un homme, ſont des marques qu'un Hermaphrodite a les parties naturelles d'un homme beaucoup plus fortes que celles de l'autre ſexe. Au contraire, ſi l'Hermaphrodite a les parties naturelles du ſexe féminin bien conformées, que le conduit de la pudeur ne ſoit point défectueux, que la gorge ſoit belle, la peau polie & douce, que les régles paroiſſent dans leur tems, qu'il y ait de la douceur & de l'agrément dans ſes yeux, & qu'on lui remarque avec cela tous les autres ſignes qui diſtinguent pour l'ordinaire une femme d'un homme, cet Hermaphrodite doit paſſer pour une femme. Le Juge peut donc prononcer hardiment ſur le ma-

ria-

riage , tant de l'un que de l'autre ; &
un Prêtre ne doit point héfiter à conférer le mariage aux Hermaphrodites ,
qui ont en main le Certificat du Médecin & la Sentence du Juge.

V. La derniére queftion dépend de
la quatriéme ; car fi un homme Hermaphrodite eft capable de fe marier ,
fes défauts ne l'empêcheront pas de
fe rendre Moine, comme fit l'*Hermaphrodite de Cajette* , qui s'étant marié
pour femme à un Pêcheur, demeura
quelques années dans fon mariage ;
mais au bout de 14. ans, les parties vi-
riles lui fortirent tout - d'un - coup ; fi
bien que pour éviter les railleries du
peuple , il fe jetta dans un Monaftére,
ou *Volatéran* & *Potanus* , qui en font
l'hiftoire , l'ont vû plufieurs fois , & en
ont apris la vérité de fa propre bouche.
J'en dis de même des Hermaphrodites
fémelles , qui peuvent entrer dans le
Cloître , pourvû qu'elles ne foient
point du nombre de ces femmes lafci-
ves , qui font capables de donner de
l'amour aux filles les plus retenuës &
les plus faintes. Car fi elles étoient
auffi

auſſi laſcives que *Baſſa*, dont parle *Martial*, je m'aſſure qu'il n'y a point de Médecin ſi peu honnête homme, qui voulut donner un Certificat à ces ſortes de femmes, ni un Juge ſi injuſte, qui fût d'avis qu'on les tondît, & qu'on les jettât parmi des Religieuſes.

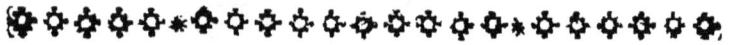

CHAPITRE V.

Si une femme peut devenir groſſe, ſans l'a-plication des parties naturelles d'un hom-me, où l'on traite fort curieuſement des Incubes & des Succubes.

A Quoi bon la nature auroit-elle fait toute la machine des parties naturelles de l'homme & de la femme, ſi ce n'eût été pour l'excellent ouvrage de la génération ? Elle a fabriqué des ſexes divers, qui ont chacun leurs parties diférentes. La femme a le conduit de la pudeur & la matrice pour recevoir. L'homme a des muſcles pour lever ſa verge, & des ligamens caverneux pour la roidir. Si l'érection &
l'in-

l'intromiſſion n'euſſent pas été abſolument néceſſaires pour engendrer, jamais la nature n'auroit entrepris d'en faires les organes. Car ſans ces deux actions, ſelon la penſée de tous les Médecins, la génération eſt impoſſible.

Puiſque la nature ne nous a pas ordonné de faire des enfans de la même maniére que nous urinons, mais d'une façon où il ſe trouve beaucoup moins de facilité, on doit croire que l'étroite conjonction des deux ſexes eſt abſolument néceſſaire pour nous perpétuer. En éfet, de cette premiére façon la ſemence d'un homme aïant été expoſée à l'air, auroit perdu tous ſes eſprits & auroit été enſuite incapable de ſervir à la génération.

L'expérience de tous les jours, & l'hiſtoire même que nous raporte *Riolan*, favoriſe notre opinion, contre ceux qui veulent que la génération ſe puiſſe faire par l'épanchement de la ſemence ſur les lévres des parties naturelles d'une femme. Le conduit de la pudeur de la femme, dont il parle, étoit tellement fermé par des cicatrices

ces après un fâcheux acouchement, qu'il n'y reſtoit qu'un fort petit trou, par lequel paſſoient ſes régles & ſon urine, & par lequel paſſa auſſi la ſemence de ſon mari qui l'engroſſa. Ce la n'empêche pas que ces deux perſonnes ne ſe ſoient jointes étroitement, & il faut même qu'une alliance étroite ſoit arrivée, & que la matrice de l'une ait atiré auſſi vivement la ſemence de l'autre, qu'un eſtomac afamé arrache la viande de la bouche, & qu'un cerf, par ſa vertu particuliére, atire le ſerpent hors de ſon trou, ſi nous en croïons les Naturaliſtes.

Ce qui a donné lieu aux Théologiens, aux Juriſconſultes & à quelques Médecins, de croire qu'une femme pouvoit engendrer ſans l'aplication des parties naturelles d'un homme ; ce ſont ſans doute les hiſtoires qu'*Averroés*, *Amatus*, *Luſitanus* & *Delrio* nous ont laiſſées par écrit, d'une jeune femme qui devint groſſe, pour s'être baignée dans de l'eau où des hommes s'étoient polluez : d'une autre femme engroſſée par les careſſes d'une d'une de ses compagnes qui sortoit d'entre les bras de son mari : & enfin d'une jeune fille qui se trouva grosse, son pere s'étant par hazard pollué en dormant dans le même lit où elle étoit.

Mais ces histoires, & plusieurs autres semblables, sont faites à plaisir, pour couvrir la lasciveté des femmes, & pour cacher le vice d'un amour impur. C'est ainsi que l'on s'est persuadé que la génération se pouvoit faire sans se joindre amoureusement ; si bien qu'il seroit permis de croire, selon ce sentiment, qu'une vierge pourroit engendrer naturellement sans être déflorée, ce qui pourroit faire douter d'un des plus augustes mistéres de la Religion Chrétienne :

C'est encore ce qui a donné lieu de croire qu'il y avoit des Démons Incubes & Succubes, qui étoient épris & embrâsez d'amour pour les femmes. Et c'est de-là aussi que les Théologiens & le Jurisconsultes ont formé beaucoup de questions ridicules, comme :

1. Si l'enfant d'un Incube & d'une
fem-

femme eſt diférent d'un autre. Si ſon
ame & ſi ſon corps aïant été ménagez
par l'adreſſe du Démon, il n'a point
quelque choſe de particulier par deſſus les autres enfans.

2. Si l'enfant engendré par le mi-
niſtére du Démon, doit être apellé le
fils d'un Incube, ou de celui dont l'Incube a dérobé la ſemence.

3. Si les Incubes & les Succubes
joüiſſent entr'eux des plaiſirs de l'a-
mour.

4. Enfin ſi le Démon peut ſi bien
conſerver la ſemence d'un homme à
qui il l'a dérobée, qu'elle puiſſe enſuite ſervir à la génération.

On a toûjours eſtimé les hommes,
qui dans la paix ou dans la guerre ſe
ſont diſtinguez par leur génie ou par
leur valeur. L'antiquité à fait bâtir des
temples & élever des autels à la mémoire de ces Héros, pour leſquels elle
commandoit même d'avoir de la vénération. D'où les peuples ont aiſément
paſſé juſqu'à cet excès de ſuperſtition,
que de les prendre pour des Dieux.
Les Pénates, les Faunes, les Sylvains, les
Saty-

Satyres, *les Efprits folets & domeftiques*
en font venus, & les plus importantes
véritez de la politique, de la phyfique
& de la morale des anciens Philofophes, ont été cachées fous ce voile.
Ce que dévelope fort bien *S. Auguftin*,
dans fa Cité de Dieu. Les Prêtres mêmes, pour fe faire valoir, fe font éfor-
cez de maintenir l'exiftence de ces
Divinitez. Les Rabbins ont crû que *les*
Faunes, *les Incubes & les Dieux tutélaires*
étoient des créatures que Dieu laiffa
imparfaites le vendredi au foir, & qu'il
n'acheva pas, étant prévenu par le jour
du Sabath : c'eft par cette raifon, felon
le fentiment de *Rabbi-Abraham*, que
ces efprits n'aiment que les montagnes
& les ténèbres, & qu'ils ne fe manifeftent que de nuit au hommes.

Mais laiffons ce que la Cabale a
avancé de fuperftitieux & ce que le
Paganifme a inventé de ridicule fur
cette matiére, pour examiner les queftions que les Théologiens & les Jurifconfultes Chrétiens propofent.

1. L'Ecriture-Sainte femble favori-
fer la premiére propofition, lorf-

qu'elle nous marque, que les fils de Dieu aïant trouvé les filles des hommes belles, ils s'alliérent avec elles, & que de cette alliance nâquirent les Géans ; fi bien que l'on peut inférer de-là, que puifque les Anges, qui font ainfi apellez en d'autres paffages de l'Ecriture, peuvent fe mêler amoureufement avec les femmes & engendrer des enfans ; les Démons , qui ne font diférens des Anges que par leur chute , peuvent auffi , felon le fentiment de *Lactance, atirer les femmes dans des plaifirs impudiques & les foüiller par leurs embraffemens.*

On affure que les enfans qui naiffent de ces jonctions abominables font plus pefans & plus maigres que les autres , & que quand ils tetteroient trois ou quatre nourrices tout à la fois , ils n'en deviendroient jamais plus gras. C'eft la remarque qu'a fait *Sprenger* Moine Dominicain, qui fut l'un des Inquifiteurs qu'envoïa le Pape *Innocent VIII.* en Allemagne, pour faire le procès aux Sorciers. Si le corps de ces enfans eft donc diférent du corps des autres

tres

tres enfans, leur ame aura fans doute
des qualitez qui ne font pas communes aux autres. C'eft pourquoi le Cardinal *Bellarmin* penfe que l'Ante-Chrift
naîtra d'une femme qui aura eu commerce avec un Incube, & que fa malice fera une marque de fon extraction.

Ce n'eft pas d'aujourd'hui que l'on
a douté de l'acouplement des Démons
avec les femmes ou avec les hommes,
& que l'on a douté encore s'ils pouvoient engendrer. Ces queftions furent autrefois agitées devant l'Empereur *Sigifmond :* on y allégua tout ce
que l'on pût de part & d'autre ; & enfin on fe rendit aux raifons & aux expériences, qui parurent les plus con-
vaincantes & les plus certaines. Il fut
donc réfolu que ces acouplemens extraordinaires étoient poffibles. En
éfet, S. *Augustin*, qui avoit eu long-
tems de la peine à fe déterminer fur
cette matiére, avoüe enfin, que puifqu'on dit *qu'il y a plufieurs perfonnes qui
fe font trouvées par un malheureux commerce avec les Démons, & qu'on l'a apris
de celles-là mêmes qui en on été caressées,*

de la bonne-foi desquelles il n'est pas permis de douter ; il est très-assuré que les Sylvains, les Pans & les Faunes, que l'on apelle ordinairement Incubes, *n'ont pas seulement desiré de caresser amoureusement les femmes, mais qu'ils les ont véritablement caressées, & les Démons que les François apellent* Drusions, *n'ont pas seulement tâché de connoître les femmes, mais qu'ils les ont même réellement connuës : si bien, ajoûte-t-il, qu'il sembleroit que l'on fut impudent, si on nioit ce qu'on assûre la-dessus avec tant de circonstance.*

On peut encore ajoûter à cela la confession que font une infinité de Sorciéres qui disent avoir été caressées du Démon, & en être même devenuës grosses. Les Livres de *Delrio*, de *Sprenger*, de *Dilancre* & de *Bodin*, sont pleins de semblables histoires ; si bien qu'après tant de preuves autentiques, & tant de confessions de Sorciers & de Sorciéres, qui l'avouent de bonne-foi, & presque de la même sorte, il y auroit de l'opiniâtreté à tenir un sentiment oposé. Car les histoires que l'on nous en fait, paroissent si assûrées, qu'il sem-

semble que l'on ne doive pas douter de la vérité de ces conjonctions diaboliques ; témoin *Benoît Berne*, âgé de 27. ans, qui fut brûlé tout vif, après avoir avoué que depuis quarante ans il avoit commerce avec une Succube, qu'il apelloit *Hermoline* ; & *François Pic*, Prince de la Mirandole, qui l'a connu, nous est garant de la vérité de cette histoire.

Toutes ces preuves paroîtroient fortes, si nous n'avions la raison & l'expérience, qui nous font connoître le contraire. Et pour dire ce que je pense sur cette matiére, on me permettra de raisonner de la sorte.

La curiosité nous est naturelle à tous. Celle qui est blâmable est une maladie d'ame, qui s'empare principalement des esprits foibles. Le monde est plein de gens qui veulent pénétrer dans les choses les plus cachées, & jusques dans les secrets de l'autre monde. Si on leur parle de quelque chose d'extraordinaire, incontinent la joïe rejaillit sur leur visage, & ils témoignent que c'est-là l'endroit qui les flàte le plus.

D'ail-

D'ailleurs, on eſt ſouvent ravi de joïe de trouver l'ocaſion de plaire, & ſi un homme d'eſprit ſe rencontre parmi des perſonnes foibles, il ne manquera pas de fomenter leur deſir d'aprendre, & de prendre plaiſir lui-même à ſe faire écouter & admirer. Il leur fera des hiſtoires qu'il aura adroitement inventées ; & quoique les choſes que nous entendons nous faſſent de l'horreur, ſi elles nous ſont pourtant inconnuës, nous nous plaiſons à les oüir reciter. Il parlera des Démons, des Incubes, des Succubes, des Eſprits folets, des Sorciers, &c. ſelon l'adreſſe de ſon eſprit & la ſoupleſſe de ſon génie : il perſuadera ſi bien ce qu'il aura avancé, par des raiſons qu'il s'étudiera à chercher, que tous ceux qui l'écouteront feront convaincus de la vérité de la fable. Plus cet Hiſtorien ſe ſera acquis de réputation, ou par ſon autorité ou par ſon mérite, plus on ajoûtera de foi à ce qu'il aura dit : on cherchera même enſuite d'autres raiſons pour apuïer ſa fable, & l'on trouvera ſans doute des preuves pour juſtifier

tifier des chofes fi furprenantes.

C'eft ce qui s'eft paffé dès les premiers tems, & ce qui fe paffe encore tous les jours : mais qui ne nous empêchera pas de prouver que l'opinion de l'acouplement & de la génération des Démons ne peut être foûtenuë.

J'avoüe que la conféquence que l'on tire de l'Ecriture-Sainte feroit jufte, fi les Anges pouvoient careffer & engroffir les femmes. Car il me femble qu'il n'y auroit pas plus de dificulté à croire le commerce des Démons, que celui des Anges avec les femmes. Mais outre que le paffage de l'Ecriture peut bien s'expliquer, fans admettre ces alliances qui répugnent à la nature, elle nous dit que les Saints, qu'elle apelle les fils de Dieu, s'étant joints avec les filles des autres, qu'elle apelle hommes, engendrérent des hommes puiffants ; c'eft-à-dire, des Rois & des Monarques, qui avoient la puiffance & l'autorité en main, pour fe faire craindre & refpecter des autres hommes en cette qualité.

Ces hommes puiffans étoient fans doute

doute alors apellez *Géans*, par la grandeur de leur autorité ; au lieu que ce terme marque presentement la grandeur du corps ; & cette équivoque du mot de *Géant* a donné lieu sans doute à l'une des plus grandes erreurs qui ait jamais eu cours. C'est ainsi que les mots de *Tyran* & de *Parasite* étoient autrefois fort honorables, au lieu que presentement ils sont odieux à tout le monde.

D'ailleurs les enfans peuvent être lourds par la pesanteur & la grosseur de leurs os. Et ceux qui ont de grandes entrailles & le foïe chaud, peuvent tarir deux ou trois nourrices de suite, pour s'humecter & se rafraîchir. Si ces mêmes enfans ont un jour l'esprit malicieux, qui est un éfet de leur tempérament, on ne doit pas conjecturer par-là qu'ils ont été engendrez par un Démon.

Pour ce qui est de l'Assemblée qui se tint devant l'Empereur *Sigismond*, je ne m'étonne pas si elle décida que les Démons pouvoient avoir commerce avec les femmes, & qu'ils pouvoient

voïent même engendrer, puifqu'elle
n'étoit prefque compofée que de
Théologiens, qui, acoutumez à croire fimplement ce qu'ils ne voïent pas,
& ce qu'ils ne favent pas même, don-
nérent leur fentiment en faveur de
ces générations, qui font fi opofées
aux loix de la nature. Si cette illuf-
tre Compagnie eût été compofée
de Philofophes & de Médecins, ou
qu'elle fe fût réglée par le fentiment de
S. Chrifoftôme, je fuis fort perfuadé que
ces queftions n'auroient pas été déci-
dées de la forte.

Au refte, fi l'on examine bien le paffage du grand *Auguftin*, que nous
avons voulu traduire tout entier, on
verra aifément que la certitude qu'il a
de ces fortes de commerces & de générations, n'eft fondée que fur le raport de quelques hommes fimples &
crédules, ou de quelques femmes fuperftitieufes & mélancoliques. Si nous
voulions croire tout ce qui nous eft
tous les jours dit & affûré par nos malades, qui ont l'imagination égarée,
& qui femblent pourtant l'avoir jufte,
nous

nous tomberions souvent dans de pareilles erreurs. Car les vapeurs noires d'une bile brûlée, troublent quelquefois tellement leurs ames, qu'ils pensent que leurs songes sont des véritez.

C'est donc par une cause à peu près semblable, que les Sorcières se persuadent avoir été au Sabath, & avoir été caressées du Diable, qui avoit ses parties naturelles hérissées & écaillées, & la semence froide comme de la glace, sans pourtant que ces misérables femmes soient parties du lieu où elles s'étoient endormies.

Mais pour ne pas m'oposer à une opinion qui semble être reçûë presque de tous les Théologiens & de tous les Peres; sans alléguer de puissantes raisons pour la combattre, examinons la chose avec toute l'apliçation possible, mais aussi sans préocupation.

Nous aprenons de la Théologie, que les Démons étant de purs esprits, sont aussi des substances diférentes de la nôtre. Qu'ils n'ont ni chair, ni sang, ni parties naturelles, & par conséquent point de semence pour la génération.

ration. Que s'ils prennent quelquefois des corps qu'ils peuvent former d'air ; ces corps ne vivant point, ne peuvent aussi exercer les opérations de la vie. Que n'aïant point de successeurs à espérer, parce qu'ils sont immortels, ils ne doivent aussi avoir d'envie de se perpétuer, ni de desir de se satisfaire par les plaisirs de l'amour. Quelques puissans qu'ils soient, ils ne sauroient passer les bornes que la nature leur a prescrites. Les animaux ne se joignent point aux plantes, ni les plantes aux minéraux pour faire des générations, leur substance étant trop éloignée l'une de l'autre. En un mot, la nature n'a pas permis ces alliances. Desorte que, suivant le sentiment de *S. Chrysostôme*, *il y auroit de la folie à croire que les Démons s'allient avec les femmes, & qu'une substance incorporelle puisse se joindre à un corps pour engendrer des enfans.*

En vérité je ne saurois me persuader, non plus que *Gassien*, illustre Disciple de ce grand Évêque, que ces substances purement spirituelles puissent naturellement avoir un commerce ce charnel avec des femmes. La raison qu'en aporte ce dernier avec *Philoſtrius* Evêque de Breſſe, c'eſt que ſi cela s'eſt fait quelquefois, il doit encore preſentement arriver : mais parce que nous ſavons que cela n'arrive pas maintenant, nous devons conclure que ces conjonctions & ces productions abominables n'ont jamais été. C'eſt pourquoi S. *Auguſtin*, ſouvent trop crédule, qui penſe mieux dans un endroit que dans un autre, commande aux Prêtres de prêcher au peuple, pour le déſabuſer de la fauſſe penſée où il eſt, que *ce que l'on dit du commerce des Sorciéres avec les Démons, ſoit réel & véritable.*

Mais ce qu'il y avoit encore de plus preſſant ſur cette matiére, c'eſt la déciſion du Concile d'Ancyre, qui blâme & déteſte la créance qu'ont les Sorciéres d'être portées de nuit au Sabath, juſqu'à l'un des bouts de la terre, de ſe joindre aux Démons & de prendre avec eux des plaiſirs abominables ; *puiſque toutes ces choſes, ajoûte-t-il, ne ſont que des rêveries & des*

illu-

illusions, bien-loin d'être des véritez.

Je ne saurois trop m'étonner de ce que les Chrétiens croïent si legérement, ce que les Païens auroient de la peine à croire ; car tous ne demeurent pas d'acord que *Servius Tullus*, Roi des Romains, ait été engendré d'un Incube, & que *Simon le Magicien* fût le fils de la Vierge *Rachel*, non plus que dans les siécles suivans, quelques grossiers qu'ils aïent été, *Merlin Coccaye* n'a pas été crû sur sa parole, quoique sa mere & lui voulussent persuader aux Rois d'Angleterre, *Vortigerne*, *Ambroise*, *Uterpendragon* & *Artus*, qu'il etoit fils d'un Démon Incube, & d'une Réligieuse fille du premier Roi. La folie & la foiblesse des hommes, le désir de la nouveauté, l'ignorance des causes naturelles, la honte que l'on a de l'obscurité de sa famille, la crainte qu'un adultére ne se découvre, les flateries des Courtisans pour les Princes, les ressorts de l'avarice & de la vanité ; enfin la passion violente de l'amour, sont les puissantes causes, qui produisent ordinairement ces sortes d'opinions dans

l'esl'efprit des hommes. Jamais *Mundus* n'auroit joüi de *Pauline*, fi l'avarice & l'amour ne s'en fuffent mêlées, & jamais on n'auroit douté que l'enfant qui feroit venu de cette conjonction n'eût été le fils de l'Incube *Anubis*, fi l'imprudence de *Mundus* n'eût découvert tout le miftére.

Léon d'Afrique nous faifant l'hiftoire de ce qui fe paffe en fon païs, nous affure que tout ce que l'on dit de la conjonction des Démons avec les femmes, n'eft qu'une pure impofture, & que ce que l'on atribuë aux Démons, n'eft commis que par des hommes lafcifs & par des femmes impudiques, qui perfuadent aux autres que ce font les Démons qui les careffent. Les Sorciéres du Roïaume de *Fez*, ainfi que cet Hiftorien le raporte, veulent bien que l'on croie qu'elles ont beaucoup de familiarité avec le Démon; pour cela, elles s'éforcent de dire des chofes furprenantes à celles qui les vont confulter. Si de belles femmes les vont voir, ces Sorciéres ne veulent point recevoir d'elles le prix de leur art; mais elles

leur

leur témoignent seulement le desir
qu'a leur Maître de les caresser pendant une nuit. Les maris prennent même ces impostures pour des véritez , &
ils *abandonnent souvent* , selon leur langage , *leurs femmes aux Dieux & aux*
vents. La nuit étant venuë , la Sorciére
qui est du nombre de ces femmes, que
les Latins nomment *Tribades* ou *Frica-*
trices , embrasse étroitement la belle, &
en joüit au lieu du Démon , dont elle
pense être amoureusement caressée.

2. Les Théologiens qui raisonnent
sur la fausse hypotèse de la conjonction des Démons avec les femmes, ont
formé une seconde dificulté ; savoir ,
de qui un enfant seroit le fils , ou de
l'Incube ou de l'homme , de qui la semence auroit été surprise ? Et pour expliquer la maniére dont cela se fait , ils
se sont imaginé qu'un homme aïant
commerce avec un Démon Succube ,
ce Démon devenant Incube sans perdre de tems par l'activité de sa nature,
communiquoit incessament à une
femme qu'il trouvoit disposée, la semence qu'il avoit depuis peu reçûë

d'un

d'un homme, & que l'enfant qui naiſ-
ſoit de cette conjonction, étoit véritablement le fils de cet homme & non
du Démon, qui en cette ocaſion n'a-
voit contribué que de ſon induſtrie.

3. La troiſiéme queſtion ; ſavoir, ſi
les Incubes & les Succubes ſe careſſent
entr'eux à la façon des hommes & des
femmes, n'a pas été agitée par ceux
qui ont écrit ſur ces matiéres. Mais il
eſt certain, qu'outre pluſieurs raiſons
que nous pourrions alléguer là-deſſus,
les Démons étant d'eux-mêmes éter-
nels & malheureux tout enſemble,
n'ont pas beſoin de perpétuer leur eſpéce ni de prendre des plaiſirs dans les
careſſes des femmes.

4. Enfin, pour paſſer à la derniére
dificulté, quelques Docteurs croïent
que le Démon agit avec tant de vîteſſe,
en portant dans les parties naturelles
d'une femme la ſemence qu'il a reçûë
d'un homme, qu'il conſerve cette même ſemence dans tout le tempérament qui eſt néceſſaire pour la génération. Ils ajoûtent même, que c'eſt une
grande erreur que de ne pas croire
que

que le Démon puisse faire cela.

Mais tous ces raisonnemens me paroissent vains & inutiles, s'il est vrai,
comme nous l'avons prouvé, que ce
soit une fable, que les Démons se joignent amoureusement aux femmes. Ils
ne sont propres qu'à nous entretenir
dans l'aveuglement où l'on est sur ces
sortes de conjonctions. Car si un homme ne peut engendrer, selon l'avis de
tous les Médecins, parce qu'il a une
petite verge qui ne porte pas assez loin
la matiére qui sert à la génération, &
qui ne la darde qu'à l'entrée des lieux
d'une femme ; que peut-on espérer
d'une semence éventée & froide, qui
aura touché un cadavre ou un corps
d'air que le Démon aura emprunté ?

L'ame, ou les esprits de la semence, si l'on veut, se dissiperoient & s'é-
vanoüiroient aisément, si bien que ce
qui demeureroit, ne seroit lui-même
qu'un cadavre de semence, s'il m'est
permis de parler de la sorte, qui seroit
incapable de la génération. Il n'y a au
monde que la matrice d'une femme,
qui puisse conserver pour la généra-

Ll 3   tion

tion la femence d'un homme ; & il ne faut pas s'imaginer que le Démon puiffe paffer les ordres que la nature a établis, quoiqu'il ait une pénétration d'efprit inconcevable, & une viteffe de mouvement furprenante.

Si l'efprit des eaux minérales froides, & celui de l'extrait de romarin fe diffipe prefque dans un moment, l'efprit de la femence, qui eft beaucoup plus fubtil, fe confervera-t-il dans fa matiére expofée à l'air ? Et puifque les Sorciéres avoüent que la femence du Démon eft froide, quand elles la reçoivent, quelle aparence y a-t-il qu'elle foit prolifique, l'air qui ronge tout ce qu'il y a au monde en aïant diffipé les efprits & corrompu la fubftance ?

C'eft donc une grande erreur de croire, comme font plufieurs Théologiens, que le Démon puiffe ramaffer la femence de plufieurs hommes pour la jetter enfuite dans les parties naturelles d'une femme & caufer ainfi la génération. Si le Démon pouvoit faire cela, & qu'il le fit éfectivement, il

pour-

pourroit auſſi raſſembler la ſemence de
pluſieurs animaux de diférentes eſpéces & procurer ainſi la génération des
monſtres : ce qui ſeroit confondre la
nature & troubler l'ordre que Dieu a
mis parmi les créatures depuis la création du monde.

. D'ailleurs nous n'avons point apris
que les Démons Succubes puiſſent engendrer, bien que la fable nous diſe
qu'ils ſe joignent avec les hommes ; &
je m'étonne de ce que l'on ne s'eſt point
avancé juſques-là. Peut-être auroit-on
trouvé des raiſons auſſi probables pour
apuïer ce ſentiment, que l'on en a inventé pour ſoutenir l'autre. Et il y auroit eu ſans doute quelqu'un qui ſe ſeroit auſſi-bien dit le fils d'un Succube
que d'un Incube.

Au reſte, ſi les Sorciéres n'étoient
pas foles ou intimidées par l'horreur
des tourmens, jamais elles n'auroient
découvert le commerce qu'elles diſent avoir eu avec le Démon. Il y en a
eu même qui en ont fait gloire en
Béarn, auſſi-bien qu'en Allemagne, &
on en a vû qui ſe vantoient hautement
d'ê-

d'être la Reine du Sabath. L'ellebore ou les petites-maisons seroient des remédes plus proportionnez à leurs maladies, que le feu & les tourmens dont on s'est servi jusqu'ici : & il n'est pas toûjours vrai, comme a dit *Cicéron*, que la vérité se trouve dans l'enfance, le sommeil, l'imprudence, l'yvresse & la folie. Après-tout, pour connoître plus parfaitement la vanité de cette opinion, examinons ce que les Médecins disent de la maladie qu'ils apellent *Incube*, & nous verrons par-là que la fable sera découverte.

Cette maladie n'est qu'une suffocation nocturne, dans laquelle la respiration & la voix sont interrompuës. Il nous semble quand nous en sommes surpris, que *Cupidon*, selon le sentiment des Païens, ou le *Démon*, ainsi que les Théologiens le croient ou le *Pesant*, comme le peuple parle, nous presse la poitrine, & nous empêche de crier au secours, de respirer & de nous mouvoir. Si une femme amoureuse & mélancolique en est attaquée, elle croit fortement que le Démon la

Cd•

carefle ; & fi avec cela elle a la mémoire embaraffée des contes que l'on fait
ordinairement des Sorciéres, fon imagination fe trouvant alors dépravée,
fait qu'elle raconte enfuite fa rêverie
pour vérité.

Une femme éfroïable à voir, vieille , féche & mélancolique , qui a
l'efprit imbu des fables du fiécle :
un vieillard atrabilaire , qui a paffé
toute fa vie dans les plaifirs illicites,
& qui dans l'âge où il eft , conferve
éncor un vif fouvenir de fa lafcive-
té paffée , ne fauroit mieux entretenir fes voluptez dans fa mélancolie
amoureufe ; fi bien qu'étant tout ocupé de fes plaifirs impudiques , quand
cette maladie l'ataque , fa folie amoureufe va fouvent jufques-là , qu'il lui
femble voir & careffer un Démon en
forme de femme, comme fe l'imagi-
noit le vieillard de 80. ans , que l'on
apelloit *Pine*, qui parloit par tout où
il étoit à fon Succube *Florine*, felon le
raport de *Pic de la Mirandole.* Mais *So-*
crate, Apollonius, Cardan, Scaliger &
Campanella, n'étoient-ils point de ce
nom-

nombre-là, puifqu'ils ont publié avoir eu commerce avec un *Génie* & un *Démon famillier* ? Je ne crois pourtant pas qu'ils fuffent nez un jour des quatre-tems, ni qu'ils fuffent venus au monde aïant la tête embarraffée de leur arriére-faix, comme *Thyreus*, Jéfuite, a écrit que ceux qui naiffoient de la forte, avoient commerce avec les efprits. Que s'ils ont publié avoir un Démon famillier, ç'a plutôt été par vaine - gloire que par quelqu'autre raifon; favoir, pour fe faire eftimer du peuple.

Le dormir fur le dos; le travail que foufre l'eftomac à digérer des viandes dures; la foibleffe de la chaleur naturelle; la fermentation d'une humeur attrabilaire, l'impureté de la matrice, ou la chaleur extraordinaire des parties naturelles, font les véritables caufes de ces illufions nocturnes & démoniaques. Une vapeur épaiffe qui s'éleve & qui fe mêle parmi notre fang, caufe la dificultté de refpirer & la privation de la voix, qui acommpagne cette incommodité. Cette vapeur noi-

noire étant ennemie de notre vie, empêche le libre mouvement du cœur &
du poulmon, & retarde ainſi l'ébulition naturelle qui s'y fait, en embaraſ-
ſant les conduits de l'une & de l'autre
de ces parties ; deſorte que nou-ſeule-
ment on ne peut alors ni parler ni reſpirer, mais que tout le corps languit
par la foibleſſe de ces deux parties
principales.

Cette vapeur obſcure étant portée
au cerveau, oſuſque les eſprits qui s'y
ſont nouvellement fabriquez, & puis
ſe mêlant parmi le ſuc nerveux, empêche l'ame d'agir ſelon ſa coûtume.
L'imagination en eſt dépravée ; les
ſens en ſont troublez, & les nerfs em-
baraſſez, tellement qu'il n'y a pas d'a-
parence que le cœur, le poulmon, le
diaphargme ; en un mot toutes les
parties du corps ſoient dans leur tempérament ordinaire. La dificulté de
reſpirer en eſt augmentée, auſſi-bien
que celle de ſe mouvoir. Car cette
vapeur épaiſſe & ennemie de nous,
trouble ſi fort la fermentation naturelle du ſuc nerveux, que l'ame qui s'en
ſert

sert comme d'un instrument prochain, ne peut faire toutes les belles actions que nous lui voïons faire tous les jours.

Mais quand les vapeurs d'une semence corrompuë sont mêlées parmi le sang & le suc nerveux il, ne faut attendre de ce mélange que des illusions vénériennes qui troublent l'imagination, & font voir aux personnes qui en sont incommodées, des Spectres amoureux & des Faunes lascifs.

Si nous en voulons croire *Hipocrate*, les femmes y sont plus sujettes que les hommes : ceux-ci se déchargent souvent pendant le sommeil, d'une abondance de semence qui les travaille ; au lieu que celles-là ne s'en peuvent débarasser si aisément, & souvent ne peuvent éviter de tomber dans ces sortes d'illusions.

La raison qu'il en raporte, c'est qu'elles sont d'un esprit plus foible que les hommes, & que le sang des régles se présentant à leurs parties naturelles pour sortir, les filles qui ne sont pas encore acoûtumées à ces sortes d'épanchemens, sont aussi alors plus

sus-

fufceptibles de ces fortes d'idées ; jufques-là même qu'il s'en eft trouvé qui
fe font perfuadées d'être groffes, après
s'être imaginées d'avoir été careffées
d'un Incube.

Je ne m'étonne donc pas fi les Sorciéres font fi fouvent furprifes par des
terreurs paniques ; car outre qu'elles
font femmes, elles engendrent encore
inceffament beaucoup de pituite &
de mélancolie, qui font la caufe de ces
fortes de maladies. Il faut croire que
ces illufions nocturnes ne font véritables que dans leur efprit ; & fi ces femmes fe font imaginé d'avoir été pendant la nuit ce qu'elles n'ont pas été,
ou d'avoir fait ce qu'elles n'ont pas
fait, on doit être perfuadé, avec S. *Auguftin*, que le Démon a pû fe fervir
de leur foibleffe & de leur maladie,
pour leur faire croire toutes les chofes
qu'elles croient, ce qui n'arrive que
par un éfet du jufte jugement de Dieu.
J'avouë que le Démon fe mêle quelquefois, mais fort rarement, parmi
l'humeur mélancolique de nos maladies. Ce que l'on ne fauroit connoître

que par l'une de ces trois marques ; savoir, quand la perfonne pénétre dans
les fecrets de nos penfées : quand elle
parle quelque langage qu'elle n'a point
aprife ; ou quand elle fait des actions
qui paffent fes forces ordinaires de la
nature.

La maladie *Incube* eft quelquefois
fi commune, foit par l'intempérie de
l'air, ou par la mauvaife qualité des
alimens & des eaux, qu'elle devient
comme épidémique & populaire, ainfi que *Lyfimacus* l'obferva autrefois à
Rome. Et fi parmi toutes les perfonnes
qui en font ataquées, il y en a quelques-unes qui aïent l'ame embaraffée
d'un amour impur ou des fables des
Sorciers, il ne faut pas douter que fa
paffion ou fa créance ne lui faffe voir
en dormant, ou même en veillant, des
objets capables de l'entretenir dans
fes rêveries. L'amour & la maladie *Incube* joints enfemble, font deux maux
qui font deux efpéces de folie, & qui
peuvent caufer tout ce que l'on nous
dit de furprenant touchant le commerce des Démons avec les femmes.

Tou-

Toute l'antiquité n'a pas cru ces bagatelles, puisqu'elle nous a laissé par écrit des remédes pour guérir ceux qui font poffédez d'un efprit impur, & qui font ataquez de terreurs paniques, croïant bien que ce que l'on penfoit être un Démon, n'étoit ordinairement qu'une humeur mélancolique, qui étoit la caufe de tous les defordres que l'on voïoit arriver à ces fortes de perfonnes. Jufques-là que *Pomponace* noùs fait l'hiftoire de la femme d'un Cordonnier, laquelle parloit plufieurs langues fans les avoir jamais aprifes, & qui fut enfuite guérie par le favant Médecin *Calcéran*, qui avec de l'ellebore lui chaffa fes rêveries, & lui ravit en même-tems la fcience, par l'évacuation de la bile noire dont le Démon fe fervoit.

S'il eft vrai, comme l'expérience de tous les jours nous le fait connoître, qu'après avoir préparé la bile noire, & puis l'avoir purgée, après avoir corrigé l'intempérie des entrailles, ôté les obftructions qui s'y trouvent, & provoqué le fommeil, nous rétabliffons la

fan-

fanté de ceux qui ont l'imagination dépravée, & qui fe perfuadent d'être agitez par un Démon, nóus pouvons dire hardiment, qu'en combatant l'humeur mélancolique, & en la chaffant du corps de ces fortes de malades, nous en faifons fortir en même-tems le Démon. Cela arriva de la forte à un Apoticaire, qui acompagnoit un Médecin dans l'un des Hôpitaux d'Auvergne : cet Apoticaire proteftoit, fi nous en croïons *Houllier*, qu'il avoit vû pendant la nuit le Démon, figuré de la forte qu'il le dépeignoii, & qu'il en avoit été maltraité. Cependant ce Démon imaginaire fut chaffé par les foins du Médecin de l'Hôpital ; qui guérit l'Apoticaire de la maladie *Incube* dont il étoit ataqué.

Nous concluons donc, après tout ce que nous venons de dire, que nous fommes le plus fouvent nous-mêmes la caufe des Spectres, que nous nous imaginons voir ou toucher : fi nous étions moins timides ou moins mélancoliques, nous ne tomberions pas fi fouvent dans ces foibleffes d'ame. Mais

comme

comme parmi les hommes il y a des mélancoliques de diférentes espéces, il doit aussi y avoir plusieurs maniéres de rêver & de devenir sol. En un mot, une Sorciére ne sera jamais caressée amoureusement par un Démon ; bien moins pourra-t-elle en devenir grosse, s'il est vrai, comme nous l'avons montré, que la génération soit impossible, sans l'aplication des parties naturelles de l'un & de l'autre sexe. L'opinion contraire passera toûjours pour une fable dans l'esprit d'une homme raisonnable ; au lieu que, selon le jugement d'un esprit foible & scrupuleux, elle sera toûjours une vérité incontestable.

CHA-

࿓࿓࿓࿓࿓࿓࿓࿓࿓࿓࿓࿓࿓࿓࿓࿓࿓࿓

CHAPITRE VI.

Si les Eunuques sont capable de se marier & de faire des enfans.

LES testicules contribuent telle-ment à la perfection de notre san-té, que *Galien* a osé les comparer & même les préférer au cœur ; mais leur principal usage est de servir à perpé-tuer notre espéce. La nature ne les a seulement formez, comme se l'est ima-giné un Philosophe, pour faire tenir tendus les vaisseaux spermatiques, comme font les poids d'un Tisserand : mais ils servent à un autre usage, in-comparablement plus noble que ce-lui-là. Car ceux qui en manquent, sont imparfaits & incapables de se per-pétuer par la génération. Et d'ailleurs la chaleur naturelle, qui est la source de toutes nos actions se diminuant insensiblement par leur perte, & les fermentations naturelles ne se faisant plus, on est acablé d'incommoditez &

de

de langueurs. Le cerveau fe relâche &
puis fe décharge fur les parties infé-
rieures : & l'on eft alors ataqué d'une
infinité de maladies, qu'il eft impoffible de guérir & d'éviter même. L'a-
me foufre aufli-bien que le corps,
& l'on devient timide & lâche, de
fort & de courageux que l'on étoit
auparavant.

C'eft ce qui a fait fi fort valoir ces
petites parties de nous-mêmes, jufques-là que la Jurifprudence n'admet
point d'hommes en témoignage, fi on
les lui a coupées, & que l'Eglife n'en
veut recevoir aucun qui en foit privé.
Dieu même avoit défendu autrefois
qu'on lui ofrit dans fes Sacrifices des
animaux qui ne fuffent pas entiers. En
éfet, les Eunuques, fi nous en croïons
l'Empereur *Sévère*, font une troifiéme
efpéce d'homme qu'il ne faut ni voir
ni foufrir. Et fi l'Eunuque *Dorothée*
ocupa l'Evêché d'Antioche, ce ne fut
que par un éfet de l'amitié extraordinaire que l'Empereur *Aurélien* avoit
pour lui.

Mais pour bien examiner la queftion,

tion, qui fait le fujet de ce Chapitre ; nous devons d'abord diftinguer les Eunuques pour connoître ceux qui font propres au mariage & ceux qui ne le font point. Entre les Eunuques, qui ont été faits ou par la nature ou par l'art, il y en a qui n'ont qu'un tefticule, & d'autres qui n'ent ont point du tout.

On ne doit point mal juger de la virilité d'un homme, lorfqu'on ne lui trouve point de tefticules au-dehors, comme nous l'avóns prouvé ailleurs par l'autorité de la Faculté de Médecine de Montpellier, & par les raifons que nous avons déduites en cet endroit-là. Car il arrive quelquefois que les tefticules étant demeurez au-dedans, & n'étant pas defcendus dans la bourfe, par les obftacles qui fe font opofez à leur fortie, les hommes qui les ont ainfi cachez, ne laiffent pas d'être auffi parfaits que s'ils les avoient au-dehors, témoins ceux dont nous avons fait l'hiftoire. Ces fortes de perfonnes font vigoureufes & fortes comme les autres, & ont tous les fignes

qui

qui font néceffaires pour marquer
la virilité d'un homme ; ainfi ils font
en état de fe marier & de faire des
enfans. Et je ne fais aucun doute, que
Putifar, qui étoit l'Eunuque de *Pha-*
raon & Lieutenant-Général de fes armées, ne fut de ce nombre-là, puifqu'il avoit une fille qu'il maria avec
Jofeph.

 Il y a des Eunuques qui n'ont qu'un
feul tefticule ; mais il eft bien fait &
bien proportionné, ce qui les rend
auffi féconds que les autres hommes :
car felon l'axiôme des Philofophes,
la force unie eft capable de plus d'action que
celle qui eft partagée. Un homme voit
auffi-bien, & peut être mieux, d'un
œil que s'il en avoit deux. Et la nature
ne nous a donné deux tefticules, qu'a-
fin que l'un pût fupléer au défaut de
l'autre. Cet homme, dont parle *Za-*
charias, qui n'avoit qu'un tefticule
dans fa bourfe, auquel étoient atachez
d'un côté & d'autre les vaiffeaux fpermatiques, étoit fans doute auffi vigoureux & auffi capable d'engendrer que
ceux qui en avoient deux. Mais fi
le

le testicule est petit & flétri, il ne faut pas s'atendre qu'un tel homme soit propre à la génération, bien qu'il puisse être capable de caresser une femme.

Pour ne confondre point ici les espéces des Eunuques, comme font quelques-uns, je ne parlerai ni des hommes impuissans qui ont trois testicules petits & de nulle vertu, ni de ceux à qui la maladie ou les remédes froids ont empêché l'usage de ces parties, ni encore de ceux à qui on les a brisez, comme on fait aujourd'hui aux taureaux pour les châtrer: puisqu'un véritable Eunuque est celui à qui la nature a dénié une ou deux de ces parties, ou à qui le Chirurgien ou quelque accident en a emporté une ou toutes les deux ensemble.

Mais il n'en est pas de même de ceux qui n'en ont ni au-dedans ni au-dehors. Ils sont tous valétudinaires, incommodez, impuissans & lâches, & méritent d'être chassez de la compagnie des hommes, comme inutiles à la société humai-

humaine. Ce qui arriva au Prêtre *Léonce*, selon le raport de *S. Anastasie*, qui fût déposé de la Prêtrise, pour s'être châtré, de peur de caresser une femme qu'il tenoit chez lui.

A les considérer dans le détail, ils ont la voix grêle & languissante, & la complexion d'une femme; on ne leur voit que du poil folet à la barbe. Le courage & la hardiesse font place à la crainte & à la timidité : enfin leurs mœurs & leurs maniéres font toutes éféminées. Ce font ces grands défavantages pour lesquels la Loi *Cornélia* punissoit très-sévérement ceux qui avoient la témérité d'ôter les testicules à un homme, parce qu'en même-tems on lui ôtoit la force, la santé, & tout ce qu'il avoit de meilleur.

Quoique ces fortes d'Eunuques foient incapables d'engendrer, nous ne manquons pourtant pas d'histoires qui nous aprennent qu'ils ont fait des enfans. *Fontanus* nous en raporte une d'un Gentilhomme qui perdit ses deux testicules à la guerre, & qui néanmoins engendra après être guéri; & *Aristote* nous

nous a laiſſé par écrit, qu'un Taureau
nouvellement châtré rendit féconde
une vache qu'il avoit couverte. Mais
bien que ces hiſtoires paroiſſent preſque incroïables, cependant ce ſont des
faits auxquels la raiſon ne s'opoſe point.
Car on ne doit pas douter, que s'il
reſte à un homme ou l'épididime &
quelque petite portion de l'un des teſticules, ſans que les vaiſſeaux ſpermatiques ſoient tout-à-fait briſez, il ne
ſoit en état de faire une fois un enfant.
Nous en ſommes perſuadez dans les
animaux, par l'expérience de chaque
jour. Les chapons mal châtrez chan-
tent comme les coqs, & en font même
l'ofice. Car s'il eſt vrai que l'épididime
ſoit de la même nature que les teſticules; c'eſt-à-dire, qu'il ſoit un entrelac-
cis de vaiſſeaux, entre leſquels il y ait
une matiére glanduleuſe, comme nous
l'avons remarqué ailleurs, il ne faut
pas douter qu'il n'ait la vertu de faire
de la ſemence prolifique, & puis de la
renvoïer vers les véſicules & les proſ-
tates, pour être évacuée. Ne pourroit-
il pas même ſe faire qu'une ſufiſante

quan-

quantité de semence se fût conservée dans les vésicules séminaires, ou dans les prostates, pour servir à la génération d'un enfant dans les premiéres caresses d'une femme ? Cela n'empêche pourtant pas, qu'à parler en général, il ne faille dire de ces Eunuques à qui ces deux petites parties manquent, qu'ils sont incapables d'engendrer.

Je trouve dans l'histoire que nous à laissé *Marcellin*, que *Sémiramis* fut la premiére qui fit couper des enfans, aussi est-ce vers les contrées où régnoit cette Princesse que les Eunuques ont paru d'abord en plus grand nombre. Les Perses, les Médes & les Assyriens, ont été ceux qui s'en font le plus servis: & nous remarquons que *Nabuchodonosor* faisoit couper tous les Juifs & tous les autres prisonniers de guerre, pour n'avoir que des Eunuques à son service; d'où vient que *S. Jérôme* nous fait observer que *Daniel*, *Ananias*, *Asarias* & *Misaël*, étoient quatre Eunuques qui servoient dans le Palais du Roi de Babilone.

Tome II.　　　　N n　　　C'est

C'eſt ici la méthode dont on ſe ſert dans l'Orient pour faire des Eunuques. On fait prendre par la bouche une petite quantité d'Opium aux enfans qu'on veut couper, & après que le ſommeil les a acablez, on tire de leur bourſe ce que la nature avoit pris tant de ſoin à fabriquer. Mais comme on a obſervé que la plûpart mouroient par ce narcotique, on s'eſt aviſé d'un autre moïen. On met les enfans dans le bain tiéde; on leur preſſe quelque - tems après les veines du col, que nous apellons jugulaires, & par-là on les rend ſtupides & apoplectiques, après-quoi il eſt aiſé de faire l'opération de l'Eunuchiſme, ſans qu'ils en ſentent rien. Et je ne ſai ſi l'on rendit *Narſes* Eunuque de cette façon, qui fut Bibliotécaire de l'Empereur *Juſtinien.*

L'expérience a montré enſuite que les hommes à qui on ôtoit ſeulement les teſticules, ne laiſſoient pas pour cela de ſe divertir avec les femmes & de ſoüiller auſſi la couche nuptiale des autres hommes; on s'eſt donc réſolu à couper tout net les parties naturelles

des

des hommes que l'on vouloit faire Eunuques, afin de leur ôter par-là le moïen de se joindre amoureusement aux femmes. Le Païsan de *Montagne* fit la même chose, car étant importuné par les soupçons de sa femme jalouse ; un jour qu'il revenoit des champs, il se coupa tout net avec une serpe ses parties naturelles, & les jetta au nez de sa femme pour lui faire dépit & pour se vanger d'elle. *Bibénus* trouvant *Carbo Acliénus* ; & *Publinus Cervinus* rencontrant *Pontius* en adultére, en usérent de la sorte envers ces deux hommes, selon la remarque de *Valére Maxime.*

On dit que les Eunuques à qui la verge reste, aiment passionnément les femmes ; & parce qu'ils font plus foibles d'esprit qu'ils n'étoient auparavant, ils font aussi plus susceptibles de passion. Quand leur imagination est une fois échaufée, & qu'une espéce de semence liquide & aqueuse qui se trouve dans leurs prostates ou dans leurs vésicules séminaires, irrite leurs parties naturelles ; on ne sauroit dire jusqu'où ils poussent leur amour déré-

glé.

glé. C'eſt ce qui fit ſoupçonner d'adultére le Philoſophe *Phavorinus ,* tout Eunuque qu'il étoit , & qui fut auſſi cauſe que le ſoldat, dont *Cabrole* nous fait
l'hiſtoire, le fit pendre , bien qu'il fut
naturellement un parfait Eunuque.
C'eſt de ces ſortes d'Eunuques qu'il
faut entendre le paſſage de l'Auteur
Eccléſiaſtique , lorſqu'il dit qu'un *Eu-*
nuque par ſa concupiſcence , eſt capable de
deshonorer une fille , en lui raviſſant la vir-
ginité.

Il eſt donc preſentement aiſé de décider la queſtion , ſi les Eunuques peuvent ſe marier. Les premiers , qui ſont
des Eunuques aparens , peuvent le faire , puiſqu'ils peuvent, & careſſer une
femme & engendrer. Les ſeconds ſont
auſſi de ce nombre ; mais il n'en eſt pas
de même des troiſiémes, qui manquent
de teſticules, ou de ceux qui n'ont
point de verge ou qui n'en ont qu'u-
ne petite, incapable de faire l'action
pour laquelle elle eſt deſtinée. Car ces
derniers ne pouvant careſſer une femme, ils doivent ſans doute être jugez
incapables de ſe marier.

Mais

Mais on pourroit dire, que s'il eſt permis à deux perſonnes de ſoixante ans de ſe marier, un Eunuque, tel qu'étoit *Phavorinus*, pourra auſſi avoir cette même liberté. Les vieillards ne ſont point capables de faire des enfans, non plus que l'Eunuque, & le mariage ne leur eſt permis, ſelon les Caſuiſtes, que pour éteindre le feu de leur concupiſcence. Si un Eunuque a donc cet avantage, & pour lui & pour la femme qu'il épouſe, de pouvoir ſe ſervir de ſa verge ainſi que l'avoit autrefois le Muſicien de *Sméce* ; pourquoi veut-on empêcher ces ſortes d'Eunuques de ſe marier ?

Cependant l'Empereur *Léon* fit un Edit, par lequel il défendoit aux Eunuques de ſe marier, de quelque nature qu'ils puſſent être ; & le Pape *Sixte V.* fit auſſi une Bulle qu'il envoïa en Eſpagne, par laquelle il déclaroit nuls les mariages de ces ſortes de perſonnes. La raiſon en eſt manifeſte. *Les Eunuques ne font que ſoupirer en embraſſant une fille*, comme parle l'Ecriture, & n'ont pas des parties pour la génération, qui eſt la première fin du mariage, au lieu que d'étoufer le feu de la concupiſcence, n'en eſt que la ſeconde.

Car de s'imaginer que les teſticules, comme ont penſé quelques-uns, ne ſont pas les principales parties qui font la ſemence, & qu'ils ne ſont point du tout néceſſaires pour la génération, puiſqu'il s'eſt vû des animaux parfaits qui ont engendré ſans en avoir; c'eſt une erreur aſſez réfutée par les raiſons que nous avons aportées ici & ailleurs, qui nous doivent perſuader qu'ils ſont abſolument néceſſaires.

Avant que de finir ce Traité en finiſſant ce Chapitre, il me ſemble qu'il n'eſt pas hors de propos d'examiner la queſtion qui ſe préſente; ſavoir, ſi on peut châtrer les femmes comme les hommes.

Tous les Médecins ſavent que la matrice n'eſt pas abſolument néceſſaire à la vie, comme elle l'eſt à perpétuer les hommes. Les hiſtoires que nous avons de ſa perte, ſont des preuves qui ne nous permettent pas d'en douter. L'expérience même nous fait

VOIR

voir que parmi les animaux, on coupe
les truïes & les poules, sans néanmoins
qu'elles en meurent. *Athénée* nous af-
fûre qu'*Andramifis*, Roi des Lybiens,
fit couper toutes les femmes pour s'en
fervir au lieu d'Eunuques ; & *Wier*
nous raporte, que *Jean de Heffe* trouvant fa fille en adultére, lui arracha la
matrice, comme il faifoit aux autres
animaux. Ainfi on ne peut pas douter
qu'on ne puiffe rendre une femme incapable de concevoir, en lui ôtant la
matrice & les tefticules : mais la dificulté eft de favoir ; comment les Anciens y procédoient. Et pour dire ici
ce que je penfe là-deffus, je ne crois
pas qu'on puiffe faire cette opération
fans péril ; & je pourrois dire que ce
Roi, qui ne fe fervoit que de femmes
Eunuques, les faifoit boucler, ou leur
faifoit apliquer une cataracte, comme
font aujourd'hui en Italie & en Efpagne les maris qui foupçonnent leurs
femmes : ou bien encore, comme font
les Négres du Roïaume d'Angole & de
Congo, qui apréhendant la proftitu-
tion de leurs filles, leur coufent les parties

ties naturelles dès qu'elles font nées: & ainfi ce Roi pouvoit avoir des femmes traitées de la forte, qui paffoient parmi fon peuple pour des femmes à qui l'on avoit arraché les parties de la génération, pour les empêcher d'engendrer.

F I N.

TABLE
DES CHAPITRES
CONTENUS
EN LA III. ET IV. PARTIE.

TROISIE'ME PARTIE.

CHAPITRE I.

LEs incommoditez que causent les plaisirs du mariage.   Pag. 1

CHAPITRE II.

Des utilitez qu'aportent les plaisirs du mariage.   17

CHAPITRE III.

S'il y a de véritables signes de grossesse.   30

CAHPITRE IV.

De la formation de l'homme.   49

ART. I. De la semence de l'homme.   51

ART. II. Exacte description des parties naturelles & internes de la femme.   56

ART.

T A B L E

A R T. III. *De la femence de l'homme.* 65

A R T. IV. *De l'ame de l'homme.* 73

A R T. V. *Du fang des régles.* 87

A R T. VI. *Obfervations curieufes fur les divers tems de la formation de l'homme.* 104

Premier degré de la formation de l'homme. 107

Second degré de la formation de l'homme. 142

Troifiéme degré de la formation de l'homme. 152

Quatriéme & dernier degré de la formation de l'homme. 160

C H A P I T R E V.

Du faux germe & du fardeau. 184

C H A P I T R E VI.

S'il y a un art pour faire des garçons ou des filles. 214

C H A P I T R E VII.

Si les enfans font bâtards ou légitimes, quand ils reffemblent à leur pere ou à leur mere. 236

C H A P I T R E VIII.

Pourquoi il y a des enfans qui naiffent foibles ou imparfaits, & d'autres forts & robuftes. 274

QUA=

DES CHAPITRES.

QUATRIEME PARTIE.

CHAPITRE I.

ART. I. DE l'impuiſſance de l'homme.
290

ART. II. *Du Congrès.* 307

ART. III. *Du divorce entre des perſonnes mariées.* 311

CHAPITRE II.

De la ſtérilité des femmes. 316

CHAPITRE III.

Si les charmes peuvent rendre un homme impuiſſant & une femme ſtérile. 329

CHAPITRE IV.

Des Hermaphrodites. 350

CHAPITRE V.

Si une femme peut devenir groſſe, ſans l'aplication des parties naturelles d'un homme, où l'on traite fort curieuſement des Incubes & des Succubes 380

CHAPITRE VI.

Si les Eunuques ſont capables de ſe marier & de faire des enfans. 414

Fin de la Table.

www.ingramcontent.com/pod-product-compliance
Lightning Source LLC
Chambersburg PA
CBHW060524220326
41599CB00022B/3421